呼伦贝尔市
测土配方施肥技术

◎ 张培青　张连云　乌仁其其格　主编

U0349372

中国农业科学技术出版社

图书在版编目(CIP)数据

呼伦贝尔市测土配方施肥技术 / 张培青，张连云，乌仁其其格
主编. --北京：中国农业科学技术出版社，2023.2
　　ISBN 978-7-5116-6085-5

　　Ⅰ.①呼… 　Ⅱ.①张…②张…③乌… 　Ⅲ.①土壤肥力-测定-
呼伦贝尔市②施肥-配方-呼伦贝尔市 　Ⅳ.①S158.2②S147.2

中国版本图书馆 CIP 数据核字(2022)第 241937 号

责任编辑　李冠桥
责任校对　马广洋
责任印制　姜义伟　王思文

出 版 者　中国农业科学技术出版社
　　　　　北京市中关村南大街 12 号　　邮编：100081
电　　话　(010) 82109705 (编辑室)　　(010) 82109702 (发行部)
　　　　　(010) 82109709 (读者服务部)
网　　址　https://castp.caas.cn
经 销 者　各地新华书店
印 刷 者　北京建宏印刷有限公司
开　　本　170 mm×240 mm　1/16
印　　张　5.5
字　　数　87 千字
版　　次　2023 年 2 月第 1 版　　2023 年 2 月第 1 次印刷
定　　价　36.00 元

《呼伦贝尔市测土配方施肥技术》
编 委 会

主 编：张培青　张连云　乌仁其其格

参 编：苏　都　窦杰凤　周天荣　王　伟

　　　　肖燕子　申玉贤

前　　言

　　化肥作为粮食增产的决定因子在农业生产中发挥着举足轻重的作用。长期以来，农业生产上盲目施肥现象比较普遍，这不仅造成农业生产成本增加，而且带来严重的环境污染，威胁农产品质量安全，影响作物产量的提高。

　　国家十分重视测土配方施肥工作。自 2005 年起，农业部（现称农业农村部）、财政部安排部署，在全国范围内实施测土配方施肥项目。截至2009 年，呼伦贝尔市启动的旗（市、区、单位）项目达到了 22 个，覆盖了所有的种植业区域，成为目前应用农户最多、覆盖面积最广的一项农业增产新技术。通过项目实施，完成了测土配方施肥土壤农化样的采集与化验分析、农户施肥情况调查、田间多点分散试验、调查数据表格的录入等基础性工作，建立了全市测土配方施肥数据库和施肥指标体系，并通过耕地地力调查与评价工作，在测土配方施肥中广泛推广应用，实现了对大面积农田的计算机指导施肥，实现了因土、因作物施肥，提高了肥料利用率，为农业节本增效、增加农民收入、促进农村经济发展做出了贡献。

　　《呼伦贝尔市测土配方施肥技术》介绍了测土配方施肥技术原理、意义、遵守的原则、基本方法和实施步骤，提出了呼伦贝尔市七大主要作物的配方施肥技术，并讲述了关于肥料的合理施用常识，十分便于各地农技人员、肥料生产企业及广大农民对测土配方施肥技术的深入了解及参考应用。

　　由于测土配方施肥技术内容广泛，编者水平有限，本书中若有不当之处，恳请广大读者批评指正。

编　者

2022 年 6 月

目　　录

第一章　测土配方施肥技术基础知识

第一节　土壤与肥料的基本概念

一、土壤

对于土壤我们每个人都并不陌生，但是要给土壤下一个科学的定义却并不容易。不同的时期，人们对土壤的认识不同，对土壤下的定义也不同，人类对土壤最初的认识，是将它作为人类活动和居住的土地。1 万年前，当人类开始了农业生产时，才将土壤作为植物生长的介质。

土壤学家威廉斯根据近代土壤学知识给土壤下的定义是：土壤是地球陆地表面能生长植物收获物的疏松多孔结构表层。陆地表面→土壤的位置；疏松多孔→土壤的物理状态，具有通气、透水性，以区别坚硬、不透气、不透水的岩石；能生长植物收获物→土壤的本质，具有肥力。

据土壤形成过程，可将土壤分为自然土壤和农业土壤（耕作土壤）。自然土壤：通常指未经人工开垦的土壤。农业土壤：指经过开垦、耕种以后，其原有性质发生了变化的土壤，又称为耕作土壤。

二、土壤肥力

土壤肥力就是土壤在植物生长发育过程中，同时不断地供应和协调植物需要的水分、养分、空气、热量及其他生活条件的能力。水、肥、气、热则称为四大肥力要素。土壤肥力按形成原因可分为：自然肥力（自然成土过程中形成的肥力，未开垦的土壤就只有自然肥力）和人为肥力（人工耕作熟化过程中发展起来的肥力，耕作土壤既有自然肥力也有人为肥力)。

土壤肥力受环境条件、土壤耕作、施肥管理等因素的影响，一部分在生产上表现出来，而另一部分未表现出来。从土壤肥力是否在生产上表现出来可分为：有效肥力（在生产上表现出来的土壤肥力部分）和潜在肥力（未在生产中反映出来的土壤肥力部分）。

作物生长发育必须依赖光合作用才能进行，作物光合作用需要适宜的温度、空气、水、阳光和 16 种元素，一类是来自空气中的 CO_2 和土壤中的水；另一类主要来自土壤供给的养分氮、磷、钾、钙、镁、硫、硼、锰、锌、铁、铜、钼、氯。只有给作物充分提供这些元素和充足的阳光，作物才能苗壮成长。其中氮、磷、钾需要量较多，称为作物三要素，是大量元素；钙、镁、硫、氯需要量中等称为中量元素；其他元素需要量较少，称为微量元素（图 1-1）。

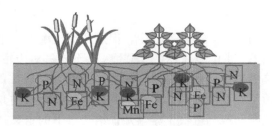

图 1-1　土壤肥力示意图

三、肥料

凡是施入土壤或喷洒在作物体上，能直接或间接提供给作物养分，从而获得高产优质的农产品，或能协调、改善土壤的理化生物性质，逐步提高土壤肥力的物质，都称为肥料。

肥料分为两大类，一类是无机肥料，简称化肥。它直接提供作物所需要的营养元素，包括氮肥、磷肥、钾肥、微量元素肥料及多元素复合肥，其优点是浓度高、肥效快，但容易造成土壤板结。氮肥中最常用的有尿素、碳酸铵、硫酸铵等；磷肥有过磷酸钙、三料磷肥等；钾肥有硫酸钾、氯化钾等；复合肥有磷氮二元复合肥，如磷酸二铵和磷酸一铵、氮磷钾三元复合肥、按作物配制的专用复合肥、按作物和土壤配制的专用复合肥等。另一类是有机肥。它含有作物需要的各种营养元素，称之为全元肥料，由于它矿化速度慢，肥效期长，一般肥效能维持 2~3 年，是长效肥料。注意：有机肥只有通过矿化分解产生氮、磷、钾、钙、镁、硫、氯等无机养分（化学肥料），作物才能吸收。有机肥的主要优点是能够培肥土壤、肥效比较稳定，能够补充大部分营养元素，特别是中微量元素；缺点是施用数量较大，养分浓度低。要想获得高产，有机肥是绝对需要的，但单靠有机肥是难以保证的。作物吸收养分的一半左右来自土壤，一半左右来自当季施入的肥料，可见，增施有机肥培肥土壤的重要性。施用有机肥不仅能够提供作物需要的矿质营养元素，而且可以改善土壤物理性状，提高土壤保肥水能力，改善土壤的水、肥、气、热状况，促进微生物的繁殖，促使作物根际微生物平衡，从而可以减少作物病害的发生，营造良好的根系环境；同时它分解产生大量有机酸等植物刺激素，可以刺激作物生长，并且可以活化土壤中的难溶性营养元素，提高其生物有效性，有机肥分解产生的 CO_2 可供作物进行光合作用，所以使用有机肥可以改善作物品质，提高土壤肥力；但其缺点是养分含量低，养分释放慢，不能满足作物高产、高效的需要，另外，由于近几年畜牧业中，添加剂的过量加入，使有机肥成为"毒品"库。

常用有机肥还包括微生物肥料，也称为菌肥或生物肥，其主要特点是向土壤中加入大量的固氮、细菌、解磷细菌和解钾细菌。豆科作物的根瘤菌就是固氮细菌。解磷和解钾细菌的主要功能是将土壤中的缓效态、无效态的磷和钾转化为能够被作物吸收的有效态养分，所以，它是间接肥料。微生物肥料生产技术是成熟的，但当将其施入土壤后情况就变得异常复杂，总而言之，微生物肥料在肥料中只是个配角，作用有限。

叶面肥的主要成分是含有植物生长调节剂和多种营养元素，可作为微量元素的补充，可以避免微量元素施入后被土壤大量固定而无效。在苗期和后期喷施有一定效果，特别是蔬菜和水果效果明显。但叶面肥只是施肥的一种辅助手段，不能完全代替土壤施肥（根部营养），因为植物主要通过根系吸收养分。密封的大棚由于缺乏空气流通，所以产生了二氧化碳施肥技术，增施二氧化碳（碳营养）可以提高光合作用效率而增加单产。

配方肥料属于无机肥料，是以土壤测试和田间试验为基础，根据作物需肥规律、土壤供肥性能和肥料效应，以各种单质化肥和（或）复混肥料为原料，采用掺混或造粒工艺制成的适合于特定区域、特定作物的肥料。

四、矿质营养的来源

土壤供肥：土壤中本身含有作物所需的 16 种元素，但大多数土壤提供的氮、磷、钾严重不足，不能满足作物高产需要；大多数土壤中钙、镁、硫充足，满足作物高产需要；微量元素通常需要量较少，有的土壤中多，有的土壤中少。

施肥补充：当土壤中所含的营养元素不足时，就必须通过施肥进行补充。一是维持作物高产优质，作物需要大量的营养元素，当土壤供给不足时，需要通过施肥来补充；二是由于作物每年收获从土壤中带走了大量的营养元素，需要通过向土壤施肥来维持土壤肥力。

第二节　测土配方施肥技术基本概念

测土配方施肥技术是以土壤测试和肥料田间试验为基础，根据作物需肥规律、土壤供肥性能和肥料效应，在合理施用有机肥的基础上，提出氮、磷、钾及中、微量元素等肥料的施用数量、施肥时期和施用方法。通俗地讲，就是在科技人员指导下科学施用配方肥。测土配方施肥包括三个过程。一是对土壤中的有效养分进行测试，了解土壤养分含量状况，这就是测土；二是根据种植的作物预计要达到的产量，依据这种作物的需肥规律及土壤养分状况，计算出需要的各种肥料及用量，这就是配方；三是把所需的各种肥料按照合理的比例分配基肥、种肥和追肥的施用数量，这就是施肥。

测土配方施肥技术的核心是调节和解决作物需肥与土壤供肥之间的矛盾，有针对性地补充作物所需的营养元素，作物缺什么元素就补什么元素，需要多少补多少，实现各种养分平衡供应，满足作物生长需要；达到提高肥料利用率和减少用量、提高作物产量、改善农产品品质、节省劳力、节支增收的目的。

第三节　实施测土配方施肥的意义

在当前的农业生产中，农民施用化肥还处于原始的习惯方式中，不看作物不看地，年年就是老一套，从而造成粮食和经济作物单产年年徘徊不前，品质下降，病虫害严重，农业生产成本包括化肥、农药、农机，其费用提高，造成农民收入相对降低。人口增加，土地减少，种地成本增加，面临这些不利因素，农民只能向土地要效益。而目前农业生产中，农民掌握最弱的农业技术就是施肥环节，换句话说，当前开发潜力最大的就是施肥技术，所以推广配方施肥技术，对于增加农民收入、提高农产品品质、减少病害发生以及减轻过度施用化肥造成地下水污染的程度都有不可替代的重大意义。

增产增收效果明显。多年多点试验示范表明，测土配方施肥比习惯施肥粮食作物平均增产 8.2%；减少用肥量，降低生产成本。减轻农作物病害，改善农产品品质。在防治小麦纹枯病方面，根据调查，施用专用配方肥可减少病株率 50% ~ 70%。防治由缺锌引起的玉米"花叶病"达 100%。减少倒伏株数 60% ~ 90%，抗倒伏明显。

缓解化肥供求矛盾，减轻资源与能源压力。据调查，实施测土配方施肥后，化肥的当季利用率可比习惯施肥提高 10 ~ 15 个百分点，达到 40% ~ 45%。如果全国实行测土配方施肥，氮肥利用率提高 1 个百分点，则相当于增加纯氮产量 90 万 t，相当于新建 3 个固定资产投入 30 亿元的大型氮肥厂。防治化肥面源污染，提高土地持续发展能力。连续 2 ~ 3 季开展测土配方施肥，土壤理化性状明显改善，耕地综合生产能力大大提高。

配方施肥的关键是土壤化验，而土壤化验费高，仅仅化验氮、磷、钾、有机质几项，按国家标准需 100 余元的化验费，如果再加上十几种微量元素，一个土样可能需几百甚至上千余元的化验费，如果不是国家投入，农户想化验自己土地是不现实的，所以农户最直接的好处就是免费化验土壤，免费得到农业专家开出的肥料配方，这就像病人去医院看病，免费挂了专家号，并且检查化验，直到诊断结果开出药方都是免费的，好处不言自明。

测土配方施肥是一项先进的科学技术，在生产中应用，可以实现增产增效的作用。一是通过调肥增产增效。在不增加化肥投资的前提下，调整化肥 $N : P_2O_5 : K_2O$ 的比例，起到增产增收的作用。二是减肥增产增效。一些经济发达地区和高产地区，由于农户缺乏科学施肥的知识和技术，往往以高肥换取高产，经济效益很低。通过测土配方施肥技术，适当减少某一肥料的用量，以取得增产或平产的效果，实现增效的目的。三是增肥增产增效。对化肥用量水平很低或单一施用某种养分肥料的地区和田块，合理增加肥料用量或配施某一养分肥料，可使农作物大幅度增产，从而实现增效。

第四节　测土配方施肥的依据

施肥要达到合理，实现其培肥能力和营养作物的目的，除了有数量多、质量好的肥料，还要"巧"施，才能发挥其最大效果。因此，合理施肥必须找出正确的施肥依据，才能真正做到施肥合理。要根据作物的营养特点、土壤的理化性质、肥料的种类和性质等多方面的因素，进行合理分配和施用，才能使有限的肥料发挥最大增产效益。

一、作物特性

作物的营养特性是合理施肥的重要依据。为了充分发挥肥料的效果，必须了解各种作物不同品种和不同生育期对养分的要求。

一是不同作物所需养分数量、比例、形态不同。

二是不同作物的不同生育期对养分的要求不同。

二、土壤条件

1. 土壤水分

土壤水分是化学肥料溶解和有机肥料矿化的必要条件，养分的扩散和质流的形成，以及根系吸收养分，都必须通过水分来进行。因此，在土壤水分条件不同的年份，作物对肥料的利用率也不相同。

2. 土壤通气状况

作物生长在通气性良好的土壤上，吸收养分较多；在排水不良或板结的土壤中，通气性能不良，养分吸收较少。

3. 土壤保肥性

土壤的保肥性是指土壤对养分吸收和保持的能力，它是土壤肥力的一个很重要的指标。

4. 土壤供肥性

它是指土壤供给作物养分的能力。它不仅与土壤养分含量有关，而且与土壤养分的释放有关。

5. 土壤 pH 值

土壤 pH 值对土壤养分有效性的影响很大，是"因土施肥"的主要依据之一。例如 pH 值为 6.8 时，有效氮含量较高。当 pH 值为 6~7.5 时，有效磷含量较高，而当 pH 值大于 7.5 时，可溶性磷又逐渐减少。

三、气候条件

气候条件与施肥也有密切的关系。气候条件会影响土壤养分的变化和作物对养分的吸收能力，其中以温度、降水及光照影响最大。

四、肥料性质

不同的肥料具有不同的性质。肥料养分含量的多少，溶解度和移动性的大小，以及酸碱性质、肥料的副成分等，都关系肥料的合理施用和肥效的发挥。

第五节　我国测土配方施肥工作的发展过程

20 世纪 50 年代到 70 年代中期，我国科技工作者对土壤田间速测指导施肥的技术进行了研究和推广应用，当时的技术体系注重用简单的土壤速测方法在田间进行土壤速测并用于指导施肥，由于精确度不高，速测结果也只能简单地分出土壤肥力的高低。

全国范围内的大规模测土施肥研究与推广应用是在 20 世纪 70 年代末随着第二次全国土壤普查开始的。当时我国第二次土壤普查野外工作基本结束，土壤肥料科学工作者开始研究普查结果，他们结合土壤有效养分测定结果开展了大量肥料田间试验，在合理施肥方面取得了突破性进展。当时的农业部土壤普查办公室组织了 16 个省（区、市）参加的"土壤养分丰缺指标研究"协作组。1983—1986 年农牧渔业部（现称农业农村部）在广东湛江和山东召开了土肥专家会议及全国配方施肥技术经验交流会，对配方施肥的可行性进行了论证，制定了配方施肥工作要点，用于指导全国配方施肥工作。其后，当时的农业部在全国组织开展了大规模的配方施肥技术推广工作，开展了配方施肥技术推广与示范。由于当时正在进行第二次全国土壤普查，土壤测试结果可以直接用来指导施肥，推广起来比较容易，全国推广的面积也比较大。这个阶段对众多土壤测试方法的筛选和校验研究为我国后来的各种测土配方工作打下了基础。1986—1990年"七五"国家重点科技攻关项目"大面积经济施肥和土壤培肥技术研究"在中国农业科学院土壤肥料研究所山东禹城等 5 个试验点分别建立了小麦等 10 种作物的施肥模型和计算机施肥系统。这个国内首次最大规模的国家级施肥系统研究项目，应用边际分析法开展了计算机施肥。项目一直延续到"十五"时期，为我国数量化科学施肥发挥了重大作用。1992 年农业部组织了 UNDP（联合国开发计划署）平衡施肥项目，在中外专家建议下，同意"3414"试验设计方案，并在不同地区开展测土配方施肥，配制各种通用型和专用型复混肥料为农民服务。总之，在 20 世纪末我国初步建立了适合我国农业特点的土壤测试推荐施肥体系。

第六节 测土配方施肥技术的原理

测土配方施肥以养分归还（补偿）学说、最小养分律、同等重要律、不可代替律、肥料效应报酬递减律和因子综合作用律等为理论依据，以确定不同养分的施肥总量和配方为主要内容。为了充分发挥肥料的最大增产效益，施肥必须与选用良种、肥水管理、种植密度、耕作制度和气候变化等影响肥效的诸因素结合，形成一套完整的施肥技术体系。

一、养分归还（补偿）学说

作用产量的形成有40%～80%的养分来自土壤，但不能把土壤看作一个取之不尽、用之不竭的"养分库"。为保证土壤有足够的养分供应量和强度，保持土壤养分的携出与输入间的平衡，必须通过施肥这一措施来实现。依靠施肥，可以把被作物吸收的养分"归还"土壤，确保土壤肥力。

二、最小养分律

作物生长发育需要吸收各种养分，但严重影响作物生长，限制作物产量的是土壤中那种相对含量最小的养分因素，也就是最缺的那种养分（最小养分）。如果忽视这个最小养分，即使继续增加其他养分，作物产量也难以再提高。只有增加最小养分的量，产量才能相应提高。经济合理的施肥方案，是将作物所缺的各种养分同时按作物所需比例相应提高作物才会高产。

三、同等重要律

对农作物来讲，不论大量元素还是微量元素，都是同样重要、缺一不可的。即使缺少某一种微量元素，尽管它的需要量很少，仍会影响某种生理功能而导致减产。如玉米缺锌导致植株矮小而出现花白苗，水稻苗期缺锌造成僵苗，棉花缺硼使得蕾而不花，油菜缺硼导致"花而不实"。微量元素与大量元素同等重要，不能因为需要量少而忽略。

四、不可替代律

作物需要的各营养元素，在作物体内都有一定功效，相互之间不能替代。如缺磷不能用氮代替，缺钾不能用氮、磷配合代替。缺少什么营养元素，就必须施用含有该元素的肥料进行补充。

五、肥料效应报酬递减律

从一定土地上所得的报酬，随着向该土地投入的劳动和资本量的增大而有所增加，但达到一定水平后，随着投入的单位劳动和资本量的增加，报酬的增加却在逐渐减少。当施肥量超过适量时，作物产量与施肥量之间的关系就不再是曲线模式，而呈抛物线模式，单位施肥量的增产会呈递减趋势。

六、因子综合作用律

作物产量高低是由影响作物生长发育诸多因子综合作用的结果，但其中必有一个起主导作用的限制因子，产量在一定程度上受该限制因子的制约。一方面为了充分发挥肥料的增产作用和提高肥料的经济效益，施肥措施必须与其他农业技术措施密切配合发挥生产体系的综合功能；另一方面各种养分之间的配合施用，也是提高肥效不可忽视的问题。

测土配方施肥技术的原理以最小养分律、同等重要律、不可代替律、肥料效应报酬递减律和因子综合作用律等为理论依据，以确定不同养分的施肥总量和配方。

第七节　测土配方施肥遵守的原则

　　测土配方施肥主要有三条原则。一是有机与无机相结合。实施配方施肥必须以有机肥料为基础，土壤有机质是土壤肥沃程度的重要指标。增施有机肥料可以增加土壤有机质含量，改善土壤理化生物性状，提高土壤保水保肥能力，增强土壤微生物的活性，促进化肥利用率的提高。因此，必须坚持多种形式的有机肥料投入，才能够培肥地力，实现农业可持续发展。二是大量、中量、微量元素配合。各种营养元素的配合是配方施肥的重要内容，随着产量的不断提高，在耕地高度集约利用的情况下，必须进一步强调氮、磷、钾肥的相互配合，并补充必要的中、微量元素，才能获得高产稳产。三是用地与养地相结合，投入与产出相平衡。要使作物—土壤—肥料形成物质和能量的良性循环，必须坚持用养结合，投入产出相平衡。破坏或消耗了土壤肥力，就意味着降低了农业再生产的能力。

第二章 测土配方施肥技术的基本方法和实施步骤

第一节 测土配方施肥技术的基本方法

基于田块的肥料配方设计，首先要确定氮、磷、钾养分的用量，然后确定相应的肥料结合，通过提供配方肥料或发放测土配方施肥建议卡，推荐指导农民使用。肥料用量的确定方法，主要包括土壤与植株测试推荐施肥方法、肥料效应函数法、土壤养分丰缺指标法和养分平衡法。

一、土壤与植株测试推荐施肥方法

该技术综合了目标产量法、养分丰缺指标法和作物营养诊断法的优点。对于大田作物，在综合考虑有机肥、作物秸秆应用和管理措施的基础上，根据氮、磷、钾和中微量元素养分的不同特征，采取不同的养分优化调控与管理策略。其中，氮素推荐根据土壤供氮状况和作物需氮量，进行实时动态监测和精确调控，包括基肥和追肥的调控；磷钾肥通过土壤测试和养分平衡进行监控；中微量元素采用因缺补缺的矫正施肥策略。该技术包括氮素实时监控、磷钾养分恒量监控和中微量元素养分矫正施肥技术。

二、肥料效应函数法

根据"3414"方案，田间试验结果建立当地主要作物的肥料效应函数，直接获得某一区域、某种作物的氮、磷、钾肥料的最佳施用量，为肥料配方和施肥推荐提供依据。

三、土壤养分丰缺指标法

通过土壤养分测试结果和田间肥效试验结果，建立不同作物、不同区域的土壤养分丰缺指标，提供肥料配方。土壤养分丰缺指标田间试验也可采用"3414"部分实施方案，收获后计算产量，用缺素区产量占全肥区产量的百分数，即相对产量的高低来表达土壤养分的丰缺情况。相对产量低于50%的土壤养分为极低；50%～70%的为低；75%～95%的为中；大于95%的为高，从而确定出适用于某一区域、某种作物的土壤养分丰缺指标及对应的施用肥料数量。对该区域其他田块，通过土壤养分测定，就可以了解土壤养分的丰缺状况，提出相应的推荐施肥量。

四、养分平衡法

根据作物目标产量，需肥量与土壤供肥量之差估算目标产量的施肥量，通过施肥补足土壤供应不足的那部分养分。

第二节　测土配方施肥技术实施步骤

测土配方施肥技术包括测土、配方、配肥、供肥、施肥指导5个环节及野外调查、土壤测试、田间试验、配方设计、配方加工、示范推广、宣传培训、数据库建设、耕地地力评价、效果评价、技术创新11项重点工作。

一、野外调查

野外调查是测土配方施肥最基础的工作，野外调查包括采样地块基本情况调查和农户的施肥情况调查。

二、土壤测试

土壤测试是制定肥料配方的重要依据之一，随着我国种植业结构的不断调整，高产作物品种不断涌现，施肥结构和数量发生了很大的变化，土壤养分库也发生了明显改变。通过开展土壤氮、磷、钾及中、微量元素养分测试，了解土壤供肥能力状况。我国土壤类型众多，肥力水平差异较大，因此必须通过取样分析化验土壤中各种养分含量，才能判断各种土壤类型、不同生产区域土壤中不同养分的供应能力，为配方施肥提供基础数据。

测土配方施肥一般都是需要测定土壤的无机氮、有效磷、速效钾，是否分析化验中、微量元素，要根据当地的实际情况确定，要综合考虑土壤类型、作物种类和农业生产水平等因素。在多年的玉米主产区需要测定土壤有效锌，小麦、油菜主产区需要测定土壤有效硼，大豆主产区需要测定土壤有效钼。

土壤养分测定值是用土壤化学分析方法测定得出的土壤养分成分含量值。土壤养分测定值的大小，可以反映出土壤养分含量的多少和供肥状况，是衡量施肥效果和确定是否需要施肥的依据。此外，养分测定值还常用来进行不同土壤或不同田块土壤养分状况的比较。因此，土壤养分测定值不仅在田间施肥试验、植株营养诊断和施肥诊断中有着广泛的应用，而且对大田生产有着重要的指导意义。在测土配方施肥中，土壤养分测定值和田间试验结果是确定用什么肥、施多少量，是制定肥料配方和施肥措施的主要依据。随着土壤化学测试手段的不断进步，土壤养分测定值已在农业生产中普遍应用。

三、田间试验

田间试验是获得各种作物最佳施肥量、施肥时期、施肥方法的根本途径，也是筛选、验证土壤养分测试技术、建立施肥指标体系的基本环节。通过田间试验，掌握各个施肥单元不同作物优化施肥量，基肥、追肥分配比例，施肥时期和施肥方法；摸清土壤养分校正系数、土壤供肥量、农作物需肥参数和肥料利用率等基本参数；构建作物施肥模型，为施肥分区和肥料配方提供依据。

为保证肥料配方的准确性，最大限度地减少配方肥料批量生产和大面积应用的风险，在每个施肥分区单元设置配方施肥、农户习惯施肥、空白施肥3个处理，以当地主要作物及其主栽品种为研究对象，对比配方施肥的增产效果，校验施肥参数，验证并完善肥料配方，改进测土配方施肥技术参数。

测土配方施肥不只是通过化验室分析结果，开个"方子"就可以"抓药"的简单过程。不同作物的肥料田间试验是了解肥料施用效果、作物生长状况和养分吸收过程及结果最直接、最有效的方法，是开展配方施肥工作的基础，是制定作物施肥方案和建议的首要依据，是建立作物施肥分区的前提。肥料田间试验也是研究、筛选、评价土壤养分测试方法，建立不同测试方法施肥指标体系的唯一基础。因此，田间试验是测土配方施肥的基础，必须高度重视。

在测土配方田间效应试验中，一般推荐使用"3414"试验设计方案。"3414"方案设计吸收了回归最优设计处理少、效率高的优点，是目前国内外应用较为广泛的肥料效应田间试验方案。"3414"是指氮、磷、钾3因素、4个水平、14个处理。4个水平的含义：0水平指不施肥，2水平指当地最佳施肥量的近似值，1水平＝2水平×0.5，3水平＝2水平×1.5（该水平为过量施肥水平）。为检验中、微量元素锌和硼的效应，在具体实施时增加 $N_2P_2K_2+B$ 处理和 $N_2P_2K_2+Zn$ 处理（编号为15、16）。

该方案除可应用14个处理进行氮、磷、钾三元二次效应方程的拟合以外，还分别进行氮、磷、钾中任意二元或一元效应方程的拟合。

四、配方设计

肥料配方设计是测土配方施肥工作的核心。通过总结田间试验、土壤养分数据等，划分不同区域施肥分区；同时，根据气候、地貌、土壤、耕作制度等相似性和差异性，结合专家经验，提出不同作物的施肥配方。

五、配方加工

配方落实到农户田间，是提高和普及测土配方施肥技术的最关键环节。目前不同地区有不同的模式，其中最主要的也是最具有市场前景的运作模式就是市场化运作、工厂化加工、网络化经营。这种模式适应我国农村农民科技素质低、土地经营规模小、技物分离的现状。

六、示范推广

为促进测土配方施肥技术能够落实到田间，既要解决测土配方施肥技术市场化运作的难题，又要让广大农民亲眼看到实际效果，这是限制测土配方施肥技术推广的"瓶颈"。建立测土配方施肥示范区，为农民创建窗口，树立样板，全面展示测土配方施肥技术效果，是推广前要做的工作。

推广"一袋子肥"模式，将测土配方施肥技术物化成产品，也有利于打破技术推广"最后一公里"的"坚冰"。

七、宣传培训

测土配方施肥技术宣传培训是提高农民科学施肥意识，普及施肥技术的重要手段。农民是测土配方施肥技术的最终使用者，迫切需要向农民传授科学施肥方法和模式，同时还要加强对各级技术人员、肥料生产企业、肥料经销商的系统培训，逐步建立技术人员和肥料商持证上岗制度。

八、数据库建设

以野外调查、农户施肥状况调查、田间试验和分析化验数据为基础，收集整理历年土壤肥料田间试验和土壤监测数据资料，按照规范化的测土配方施肥数据字典要求，运用计算机技术、地理信息系统（GIS）和全球卫星定位系统（GPS），建立不同层次、不同区域的测土配方施肥数据库。

九、耕地地力评价

利用野外调查和分析化验等数据，结合土壤普查、土地利用现状调查等成果资料，并按照工作目标要求，开展耕地地力评价工作。

十、效果评价

农民是测土配方施肥技术的最终执行者和落实者，也是最终受益者。检验测土配方施肥的实际效果，及时获得农民的反馈信息，不断完善管理体系、技术体系和服务体系。同时，为科学地评价测土配方施肥的实际效果，必须对一定的区域进行动态调查。

十一、技术创新

技术创新是保证测土配方施肥工作长效性的科技支撑。重点开展田间试验方法、土壤养分测试技术、肥料配制方法、数据处理方法等方面的创新研究工作，不断提升测土配方施肥技术水平。

第三章　主要作物测土配方施肥技术

第一节　大豆测土配方施肥技术

呼伦贝尔市是内蒙古自治区乃至全国重要的大豆商品粮生产基地，大豆生产集中在大兴安岭东麓的低山丘陵地带，所辖行政区域为扎兰屯市、阿荣旗、莫力达瓦达斡尔族自治旗和鄂伦春自治旗4个旗（市）。由于地处高寒、高纬度，自然条件适宜发展高油、高蛋白优质大豆生产。近年来由于呼伦贝尔市种植结构调整，大豆种植比例有所下降，年播种面积约54万 hm^2，占总播种面积的35%。产量水平 1 500~2 250kg/hm^2。

呼伦贝尔市大豆生产区位于东北黑土带上，主要的土壤类型为暗棕壤、黑土、草甸土，土层深厚，土壤有机质丰富，肥力水平高，具有大豆生长发育理想的土壤条件；该地区属于中温带大陆性季风气候，年≥10℃的有效积温在 1 750~2 400℃，无霜期 95~125d，日照时数 2 800~3 000h，全年降水量 450~500mm，6—8月降水量 300~350mm，雨热同季，光照充足，可以较好地满足大豆生长发育的需要；特别是该地区没有大型的工矿企业，"三废"排放少，土壤环境没有污染，农药化肥施用量低，土壤无农药残留，属于一级清洁等级，符合发展无公害绿色食品生产的标准。

呼伦贝尔市具有比较完善的大豆科研、生产和技术推广体系，大豆的生产栽培技术位于国内领先水平，高油、高蛋白大豆品种应用已经达到90%以上。主要品种有疆莫豆1号、华疆3号、登科1号、克山1号、蒙豆30号、黑河38等。

"呼伦贝尔大豆"虽然属于品质最好的大豆类，但是与中原其他地区的大豆相比外观有明显的不同，主要特征是豆粒色泽金黄、豆脐处为浅黄色或无色脐。与中原地区的棕色脐大豆相比，体现在大豆制成品上明显具有颜色浅白的特征，如豆浆、豆腐、豆奶等，非常好看。同时由于"呼伦贝尔大豆"全部应用高油、高蛋白优质大豆品种，内在质量也达到了全国的最高水平。

一、大豆的需肥特性

（一）大豆的需肥量

大豆是需肥较多的作物，它对氮、磷、钾三种元素的吸收一直持续到成熟期，形成相同产量的大豆所需的三要素比禾谷类作物多。其所需营养元素种类全，大豆从土壤中除吸收氮、磷、钾三要素外，还吸收钙、镁、硫、氯、铁、锰、锌、铜、硼、钼、钴等 10 余种营养元素。

根据田间试验和相关资料，每生产 100kg 大豆籽粒需吸收氮素（N）7.00kg、磷素（P_2O_5）2.46kg、钾素（K_2O）4.02kg。此外，大豆需肥量与产量水平、品种特性、施肥量、土壤肥力等密切相关。

（二）大豆对营养元素的吸收

1. 对氮、磷、钾的需求

大豆氮、磷、钾的吸收积累从出苗到成熟随植株干重的增加而增加，且钾的吸收稍快于氮和磷的吸收。

大豆不同生育时期氮、磷、钾的积累百分率不同，苗期为 2.21%～3.34%，分枝期 6.62%～8.92%，开花期 19.73%～22.19%，结荚期 47.88%～52.92%，鼓粒期 77.08%～80.12%，成熟期达到 100%。大豆吸收氮、磷、钾素有两个快速增长期，前一个为花芽分化期，从分枝到开花的 20d 左右，大豆三要素的吸收量占总吸收量的 20%～25%。第二个快速增长期是开花至鼓粒期，在 45d 左右，氮、磷、钾吸收量分别占总量的 57.35%、58.86%和 58.48%，是吸收量最多的时期。

2. 对钙、镁、硫的需求

大豆是需钙较多的作物，大豆籽粒中含钙量为 0.23%，茎中为 1.18%，叶中为 2.0%～2.4%。相当于小麦籽粒含钙量的 11 倍以上、小麦秸秆含钙量的 6 倍之多。在大豆生长期间，从出苗到初花，大豆植株中含钙量为 0.26%～2.8%，结荚期为 0.9%～4.4%。大豆结荚期正是含大量果胶物质的果荚器官形成时期。

大豆叶片中含镁较多，由出苗到初花期，大豆植株中镁的含量为0.09%～0.89%，在初花期为0.06%～1.0%，在结荚期为0.53%～0.79%，而豆粒中镁的含量则较少。

在大豆茎叶中，硫的含量是干物质的0.125%～0.52%。在种子中含量是干物质的0.002%～0.45%。硫进入植物体中，少部分保持不变，大部分被还原为硫氢基和形成有机化合物。当含硫不足时，将减少大豆植株体内含硫氢基的合成和停止蛋白质的合成。

3. 对微量元素的需求

大豆对微量元素较为敏感。钼是大豆根瘤菌中固氮酶的组成部分，参与氮、磷代谢。植株中的钼大部分分配在根瘤菌及叶片中，大豆盛花期叶片中含钼量通常为1～5mg/kg，大豆施用钼肥，有利于根瘤的形成与提高固氮效果。大豆由土壤中吸收的锌量为0.2～0.4mg/hm^2，大部分锌在植株体内分配在根中，其次为茎和茎尖。

二、大豆营养缺失症状

缺氮：叶片生长缓慢，出现青铜色斑块，渐变黄而干枯，基部叶片易脱落，植株生长缓慢，茎细长，花荚稀少，根瘤小而少。

缺磷：叶色浓绿，叶片小而尖，开花后叶片上出现棕色斑点，严重缺磷时，叶与茎呈暗红色，植株瘦小，根瘤发育差。

缺钾：前期缺钾，叶片小、淡绿无光泽；中期缺钾，老叶尖端边缘变黄，叶小卷曲，根系老化早衰。

缺钼：叶色淡绿，叶面上有灰褐细小斑点，叶片增厚皱缩，并向下卷曲，植株矮小，丛生，根瘤发育不好。

缺锌：叶片柠檬黄色，中肋两侧有褐色斑点，植株矮小。

缺硼：叶片变厚，粗糙皱缩，植株矮小，开花少甚至不开花，结荚少而畸形，主根死亡，侧根多而短，根瘤少甚至无根瘤。

缺硫：新芽幼叶发生缺绿病，茎显著延长，结荚期形成侧枝，种子成熟缓慢。

缺锰：新叶淡绿、黄色，叶脉仍绿色；严重缺锰时，老叶叶面粗糙，上有褐色斑点。

缺镁：根短而不分叉，叶和茎色泽灰绿，叶脉间出现黄色斑点。

三、大豆测土配方施肥技术

1. 基肥

增施有机肥作基肥，是保证大豆高产、稳产的重要条件。基肥要在秋翻或春耕时施入，一般每公顷施用优质有机肥 30 000~37 500kg。基肥中加入氮、磷、钾等化肥，可以减少化肥中有效养分的流失与增强养分的固定。

根据田间试验、土壤性状、作物营养特征等综合因素，推荐岭东地区总养分含量45%的大豆区域大配方 $N-P_2O_5-K_2O$ 配比为 15-19-11，$N:P_2O_5:K_2O=1:1.27:0.73$，目标产量为 2 400kg/hm² 时，配方肥推荐用量为250~305kg/hm²。种肥施用要注意肥、种分离，以免烧苗，深施效果最佳。各旗（市、区）区域大配方和建议施肥量如表3-1所示。在土壤有效锌含量低于 0.74mg/kg 时，必须配施锌肥，基施用量为 15~30kg/hm²；低于有效施用临界值 2.23mg/kg 时，可根据具体情况合理施用锌肥。

表 3-1　大豆基肥配方及建议施肥量范围　　　　　单位：kg/hm²

地区	总养分含量45%肥料配方	施N量	施P_2O_5量	施K_2O量	$N+P_2O_5+K_2O$量	总养分含量45%配方肥	
						施用量	施用区间
岭东地区	15-19-11	42	53	31	126	278	250~305
扎兰屯市	14-19-12	40	54	34	128	285	257~314
阿荣旗	14-19-12	41	56	35	132	294	265~323
莫力达瓦达斡尔族自治旗	14-21-10	38	57	27	122	270	243~297
鄂伦春自治旗	15-20-10	39	53	26	118	263	236~289

2. 种肥

施种肥时，应深施，注意种、肥隔离，防止烧种烧苗。如果土壤有效钼缺乏，在大豆播种前，可以用微量元素拌种。钼酸铵拌种，用 30g 钼酸铵加水 1kg，待完全溶解后均匀拌在 50kg 种子内，阴干后播种。

3. 追肥

大豆开花初期追氮肥，有显著增产效果。土壤肥力低或大豆生长瘦弱，追肥效果更好。追肥方法是，大豆开花初，将化肥撒在大豆植株的一侧，随即中耕培土。氮肥的用量是施尿素 30～75kg/hm²，因土壤肥力和植株长势而异。硼肥叶面喷施浓度为 0.1%～0.3%水溶液，以苗期至开花期喷施为好，施硼量为 0.75～3.0kg/hm²。钼肥叶面喷施常用浓度为 0.1%的钼酸铵溶液。

第二节　玉米测土配方施肥技术

近年来，随着玉米产业的发展壮大和农民种植玉米积极性的空前高涨，呼伦贝尔市及时调整种植业结构，以农业增效、农民增收为目标，以市场为导向，加大科技投入力度，采用地膜覆盖、膜下滴灌、高产密植化控技术等一系列先进技术，大幅增加玉米等粮食作物的种植面积，2013年呼伦贝尔市玉米播种面积增加到 60 万 hm²。

呼伦贝尔市玉米主产区位于大兴安岭东南麓的丘陵—浅山区地带，属于岭东温凉半湿润农业区。除夏季低温干旱限制农作物生长发育外，其他的自然条件均适宜玉米栽培，而覆膜栽培可克服生长前期低温干旱的影响，是当前发展玉米生产的突破性措施。呼伦贝尔市积极推进规模化、集约化、科学化种植，主要品种有众德 331、海玉 5 号、海玉 6 号、包玉 2号、丰玉 1 号、罕玉 5 号、丰早 303 等，并引进德国高产耐密抗伏KX9384、德美亚 2 号等新品种。同时，提升了玉米耕、种、收等主要生产环节的机械化作业水平。

一、玉米的需肥特性

（一）玉米的需肥量

玉米对矿质元素吸收量是确定玉米施肥的重要依据。研究结果表明，玉米一生对矿质元素吸收最多的是氮素，其他依次为钾、磷、钙、镁、硫、铁、锌、锰、铜、硼、钼。根据试验研究和各种资料数据结果，每生产 100kg 玉米籽粒需吸收氮素（N）2.59kg、磷素（P₂O₅）1.76kg、钾素（K₂O）2.31kg。

玉米对矿质元素的需求量还与以下 4 个因素有关。

1. 产量水平

玉米在不同产量水平下对矿质元素的需求量存在一定差异。一般随着产量水平的提高，玉米单位面积吸收的 N、P_2O_5、K_2O 总量随之升高，但形成 100kg 籽粒所需的 N、P_2O_5、K_2O 量却下降，肥料利用率提高。相反，在低产量水平条件下，形成 100kg 籽粒所需要的矿质元素增加，因此，确定玉米需肥量时应考虑产量水平之间的差异。

2. 品种特性

不同玉米品种间矿质元素需要量差异较大。一般生育期较长、植株高大、适于密植的品种需肥量大；反之，需肥量小。

3. 土壤肥力

肥力较高的土壤，由于含有较多的可供吸收的速效养分，因而植株对 N、P_2O_5、K_2O 的吸收总量要高于低肥力土壤条件，而形成 100kg 籽粒所需 N、P_2O_5、K_2O 量却降低，说明培肥地力是获得高产和提高肥料利用效率的重要保证。

4. 施肥量

一般随施肥量增加产量亦随之提高，形成 100kg 籽粒所需的 N、P_2O_5、K_2O 量亦随施肥量的增加而提高，肥料养分利用率相对降低。

（二）玉米各生育时期对营养元素的吸收

1. 对氮、磷、钾元素的吸收

玉米不同生育时期吸收氮、磷、钾的数量和速度是不同的。一般幼苗期吸收养分少，拔节至开花期吸收养分速度快，数量多，是玉米需要养分的关键时期。生育后期，吸收速度减慢，吸收数量也少。

根据内蒙古农业大学的研究，玉米对氮的吸收，以开花期为界，分为前后两期，前期吸收量占吸收总量的 70% 左右，后期吸收量占 30% 左右。而前期有两个高峰，一是拔节期，吸收量约占吸收总氮量的 25%；二是大喇叭口期至抽雄期，吸氮量占吸收总量的 30% 左右，是玉米一生中吸收速率最高的时期。

玉米苗期吸收磷素占吸收总量的 3.35%，但苗期阶段植株体内磷肥的浓度最高为 1% 左右，所以苗期是玉米需磷的敏感期，应注意苗期施磷。大喇叭口期至灌浆期的一个月内吸收量最大，占吸收总量的 42.8%，且吸收速率最快，抽雄前日需磷量最多。

苗期吸收钾素量少，占吸收总量的 6.57%。拔节至抽雄期吸收量最多，占吸收总量的 79.2%。花粒期吸收量又减少，仅占总量的 14.3%。

在籽粒中的氮、磷、钾的累积总量约有 60% 是由前期器官积累转移进来的，约有40%是由后期根系吸收的。玉米施肥不但要打好前期的基础，也要保证后期养分的充分供应。

2. 对中量元素的吸收

钙：从阶段吸收量来看，玉米苗期阶段吸钙较少，占一生总吸收量的4.77%~6.19%；穗期阶段吸收最多，占53.93%~82.13%；粒期吸收量也较多，占11.68%~41.30%。从累积吸收量来看，到大喇叭口期累积吸收量达35.98%~46.23%；到吐丝期达58.70%~88.32%；到蜡熟期累积吸收97.63%~98.30%。

镁：从阶段吸收量来说，玉米苗期镁吸收较少，占一生吸收总量的5.38%~7.43%；穗期吸镁最多，占56.10%~67.68%；粒期吸收量为24.89%~38.52%。从累积吸收量看，玉米到大喇叭口期累积吸收40.20%~42.73%，吐丝期吸收61.48%~75.11%。不同品种每一时期吸收量存在差异。

硫：玉米对硫的积累随生育进程而增加。不同品质类型玉米形成100kg籽粒吸收硫的数量存在差异。玉米对硫的阶段吸收呈"M"形曲线，其中拔节至大喇叭口期、开花至成熟期为吸硫高峰期。吸硫量分别占整个生育期的26.1%和25.04%。硫的吸收强度从出苗到拔节较低，拔节后吸收强度急剧增大，到大喇叭口期达最大。开花到成熟期，玉米植株对硫的吸收仍保持较高的吸收强度。

3. 对微量元素的吸收

玉米一生对铁、锰、铜、锌的阶段吸收量及比例见表3-2。

玉米对各种微量元素的累积吸收量都是随着生育进程逐渐增加，后期达最大值。不同施肥水平吸收量都表现为高肥>中肥>低肥。

玉米对钼的阶段吸收比例不同于铁、锰、铜、锌。苗期吸收量占总吸收量的2.3%；拔节至抽雄期为57.4%；抽雄至成熟期为42.6%。玉米穗期和粒期吸收钼较多；钼的吸收强度，最大吸收高峰出现在大喇叭口期。

表3-2 玉米一生对铁、锰、铜、锌的阶段吸收量及吸收比例

元素种类	项目	苗期	拔节期至吐丝期	吐丝期至成熟期	吸收高峰出现的时期
铁	吸收量（kg/hm²）	0.079 5	1.17	0.68	吐丝期
	吸收比例（%）	4.1	60.7	35.2	蜡熟期

（续表）

元素种类	项目	苗期	拔节期至吐丝期	吐丝期至成熟期	吸收高峰出现的时期
锰	吸收量（kg/hm²） 吸收比例（%）	0.034 5 8.8	0.3 74.6	0.066 16.6	大喇叭口期
铜	吸收量（kg/hm²） 吸收比例（%）	0.010 5 7	0.088 5 57.6	0.054 35.4	吐丝期 蜡熟期
锌	吸收量（kg/hm²） 吸收比例（%）	0.033 6.6	0.28 56.6	0.18 36.8	大喇叭口期 成熟期

二、玉米营养缺失症状及防治方法

（一）氮素失调症状及防治方法

失调症状：玉米缺氮时生长缓慢，株型矮小，茎细弱，叶色褪淡，叶片由下而上失绿黄化，症状从叶尖沿叶脉向基部扩展，先苗后枯，呈"V"形；中下部茎秆常有红色或紫红色，果穗变小，缺粒严重，成熟提早，产量和品质下降。氮素过多会使玉米生长过旺，引起徒长；叶色深浓，叶面积过大，田间相互遮阴严重，糖类消耗过多，茎秆柔弱，纤维素和木质素减少，易倒伏，组织柔嫩，易感病虫。还会使作物贪青晚熟，产量和品质下降，影响下茬作物的播种。

缺氮的防治方法：培肥地力，提高土壤供氮能力；在大量施用碳氮比高的有机肥料时，注意配施速效氮肥；在翻耕整地时，配施一定量的速效氮肥作基肥；对地力不均引起的缺氮症，要及时追施速效氮肥；必要时配施叶面肥。

过剩的防治方法：根据不同生育期的需氮特性和土壤供氮特点，适时、适量追施氮肥，严格控制用量；在合理轮作的前提下，以轮作制为基础，确定适宜的施氮量；合理配施磷钾肥，保持植株体内氮、磷、钾的平衡。

（二）磷素失调症状及防治方法

失调症状：缺磷时玉米生长缓慢，株型矮小，瘦弱；从幼苗开始，在叶尖部分沿叶缘向叶鞘发展，呈深绿带紫红色，逐渐扩大到整个叶片，症状从下部叶转向上部叶片，甚至全株紫红色，严重缺磷叶片从叶尖开始枯萎呈褐色，抽丝吐丝延迟，雌穗发育不完全，弯曲畸形，结实不良，果穗弯曲、凸尖。磷肥过剩造成叶片肥厚而密集，叶色浓绿，植株矮小，节间过短；出现生长明显受抑制的症状。繁殖器官常因磷肥过量而加速成熟过程，由此造成营养体小，茎叶生长受抑制，产量低。

缺磷的防治方法：早施、集中施用磷肥，选择适当的磷肥类型，配施有机肥料和石灰；选择适当的品种，培育壮苗，加强水分管理。

（三）钾素缺少症状及防治方法

缺钾症状：多发生在生育中后期，表现为植株生长缓慢，矮化，中下部老叶叶尖及叶缘易黄化、焦枯；节间缩短，叶片与茎节的长度比例失调，叶片长，茎秆短，二者比例失调而呈现叶片密集堆叠矮缩的异常株型。茎秆细小柔弱，易倒伏，成熟期推迟，果穗发育不良，形小粒少，籽粒不饱满，产量锐减。严重缺钾时，植株首先在下部老叶上出现失绿并逐渐坏死，叶片暗绿无光泽。

防治方法：确定钾肥的施用量，选择适当的钾肥施用期，广辟肥源；控制氮肥用量；加强水分管理。

（四）钙素缺少症状及防治方法

缺钙症状：生长不良，矮小，叶缘有时呈白色锯齿状不规则破裂，茎顶端呈弯钩状，新叶尖端及叶片前端叶缘焦枯，不能正常伸展，老叶尖端也出现棕色焦枯，新根少，根系短，呈黄褐色，缺乏生机。

防治方法：合理施用钙质肥料；控制水溶性氮、磷、钾肥的用量；合理灌溉。

（五）镁素缺少症状及防治方法

缺镁症状：一般在拔节后发生。症状为下位叶前端脉间失绿，并逐渐向叶基部发展，失绿组织黄色加深，下部叶脉间出现淡黄色条纹，后变为白色条纹，残留小绿斑相连成串如念珠状，叶尖及前端叶缘呈现紫红色。严重时叶脉间组织干枯死亡，呈紫红色花叶斑，而新叶变淡。

防治方法：合理施用镁肥；控制氮、钾肥用量；改善土壤环境。

（六）硫素缺少症状及防治方法

缺硫症状：作物缺硫时，全株体色退淡，呈淡绿或黄绿色，叶脉和叶肉失绿，叶色浅，幼叶较老叶明显。植株矮小，叶细小，向上卷曲，变硬，易碎，提早脱落。茎生长受阻，开花迟。

防治方法：增施有机肥料，提高土壤的供硫能力；合理选用含硫肥料，如硫酸铵、过磷酸钙、硫酸钾等；适当施用硫黄及石膏等硫肥。

（七）铁素缺少症状及防治方法

缺铁症状：玉米缺铁时幼叶脉间失绿呈条纹状，中下部叶片为黄色条纹，老叶绿色。严重时整个新叶失绿发白，失绿部分色泽均一，一般不出现坏死斑点。

防治方法：改良土壤；合理施肥；选用耐性品种；施用铁肥。

（八）锰素丰缺症状及防治方法

失调症状：叶片柔软下披，新叶脉间出现与叶脉平行的黄色条纹。根纤细，长而白。锰中毒的症状是根系褐变坏死，叶片上出现褐色斑点或有叶缘黄白化，嫩叶上卷。锰过剩还会抑制钼的吸收，诱发缺钼症状的发生。

缺锰症的防治方法：增施有机肥；施用锰肥。

锰中毒的防治办法：改善土壤环境；选用耐性品种；合理施肥。

（九）锌素丰缺症状及防治方法

失调症状：玉米对锌非常敏感，出苗后 1~2 周内即可出现缺锌症状，病情较轻时可随气温的升高而逐渐消退。拔节后中上部叶片中脉和叶缘之间出现黄白失绿色条纹，严重时白化斑块变宽，叶肉组织消失而呈半透明状，易撕裂；下部老叶提前枯死。同时，节间明显缩短，植株严重矮化；抽雄、吐丝延迟，甚至不能正常吐丝，果穗发育不良，缺粒和秃尖严重。作物锌中毒的症状为叶片黄化，进而出现赤褐色斑点。锌过量还会阻碍铁和锰的吸收，有可能诱发缺铁或缺锰。

缺锌的防治方法：改善土壤环境，采用翻耕等技术措施提高锌的有效性；合理平整耕地；选用耐低锌的种质资源，有效预防作物缺锌症的发生；合理施肥，在低锌土壤上，严格控制氮肥和磷肥的用量；在缺磷土壤上，要磷肥与锌肥配合施用；避免磷肥过分集中，防止局部磷、锌比例失调而诱发缺锌；增施锌肥。

锌中毒的防治：控制工业"三废"的排放，防止对土壤的污染；合理施用锌肥，根据作物需锌特性和土壤的供锌能力，确定适宜的施用量、施用方法等；慎用含锌有机废弃物。

（十）硼素丰缺症状及防治方法

失调症状：玉米缺硼时，上部叶片发生不规则的褪绿白斑或条斑，果穗畸形，行列不齐，着粒稀疏，籽粒基部常有带状褐色。玉米硼中毒时，叶缘黄化，果穗多秃顶，植株提早干枯，产量明显降低。

缺硼的防治方法：施用硼肥，与磷肥、有机肥料等混合后施用，提高施用硼肥的均匀性；增施有机肥料，提高土壤有机质，增加土壤有效硼的贮量、减少硼的固定和淋失，协调土壤供硼强度和容量。

硼过剩的防治方法：作物布局，在有效硼高于临界指标的土壤上，安排种植对硼中毒耐性较强的作物品种；控制灌溉水质量，避免用含硼量高（≥1.0mg/kg）的水源作为灌溉水源；合理施用硼肥，在严格控制硼肥用量的基础上，做到均匀施用；叶面喷施硼肥时注意浓度，防止施用不当引起中毒。

三、玉米测土配方施肥技术

（一）大量元素施用的原则和方法

1. 施肥原则

有机肥与无机肥配合，氮、磷、钾及微肥配合，平衡施肥，才能达到提高土壤肥力，增加产量的目的。

2. 施肥方法

（1）基肥。玉米基肥以有机肥为主，基肥的施用方法有撒施、条施和穴施，视基肥数量、质量不同而异。玉米高产田每公顷施有机肥3万kg及混合无机化肥，结合秋耕翻施入。有机肥养分完全，肥效长，具有改土培肥作用，减少土壤中养分的固定，提高化肥肥效及降低生产成本。我国许多专家主张有机肥和无机肥的纯氮比应保持在7：3。

根据田间试验、土壤性状、作物营养特征等综合因素，推荐岭东地区总养分含量45%的玉米区域大配方 $N-P_2O_5-K_2O$ 配比为 11-19-15，$N：P_2O_5：K_2O=1：1.73：1.36$，目标产量为 7 500kg/hm² 时，配方肥推荐用量 284~347kg/hm²。各旗（市、区）区域大配方和建议施肥量见表3-3。

表 3-3　玉米基肥配方及建议施肥量范围　　　　　　　单位：kg/hm²

地区	总养分含量45%肥料配方	施 N 量	施 P₂O₅ 量	施 K₂O 量	N+P₂O₅+K₂O 量	总养分含量 45%配方肥	
						施用量	施用区间
岭东地区	11-19-15	35	60	47	142	315	284～347
扎兰屯市	12-17-16	36	52	48	136	303	273～333
阿荣旗	11-19-15	37	64	51	152	338	304～371
莫力达瓦达斡尔族自治旗	10-19-16	33	62	52	147	326	293～358
鄂伦春自治旗	12-18-15	35	52	44	131	291	262～320

（2）追肥。追肥时期、次数和数量要根据玉米的需肥规律、地力基础、施肥数量、基肥和种肥施用情况以及玉米生长状况决定。玉米生育期追施尿素 165～180kg/hm²，分 3 次施用。第一次在 7～8 片叶展开后，玉米拔节期施入，也称攻秆肥。目的是促进玉米植株健壮生长，有利于雄雌穗分化。第二次在玉米 11～12 片叶展开，玉米的大喇叭口期施入，也称攻穗肥。这次追肥促进玉米中上部叶片增大，延长其功能期，促进雌穗的良好分化和发育，对保证穗大粒多极为重要，是玉米追肥的高效期。第三次在玉米抽雄吐丝后追施的肥料，也称粒肥，粒肥对减少小花败育，增加籽粒数，防止后期脱肥叶片早衰，提高叶片的光合效率，保证籽粒灌浆，提高粒重具有重要作用。此外，在开花期喷施磷酸二氢钾和微肥，均有促进籽粒形成、提早成熟、增加产量的作用。

（二）微肥的施用

微肥的施用采用因缺补缺、矫正施用的原则。土壤中有效锌含量低于 0.74mg/kg 时，必须配施锌肥，当土壤有效锌含量低于有效施用临界值 2.23mg/kg 时，可根据具体情况合理施用锌肥。土壤中锌的有效性在酸性条件下比碱性条件要高，所以碱性和石灰性土壤容易缺锌。长期施磷肥的地区，由于磷与锌的拮抗作用，易诱发缺锌，应给予补充。锌肥以基施效果最好，硫酸锌用量为 15～30kg/hm²，并至少可维持两年的后效；用于浸种时硫酸锌溶液的浓度为 0.02%～0.05%；叶面喷施锌肥可用 0.2%的硫酸锌溶液。

第三节　水稻测土配方施肥技术

　　呼伦贝尔市水稻种植面积较小，主要分布在岭东地区扎兰屯市、阿荣旗、莫力达瓦达斡尔族自治旗和鄂伦春自治旗。年播种面积 1 万 hm² 左右，仅占总播种面积的 0.7%，种植品种主要有龙梗 1 号、龙盾 103、江米 1 号等。产量为 7 500～9 000kg/hm²。

一、水稻需肥特点

（一）水稻的需肥量

　　水稻为了正常生长发育需要吸收各种营养元素，除适量的氮、磷、钾、硫、钙、镁、铁、锰、铜、锌、钼、硼外，对硅元素吸收较多。各种元素有其特殊的功能，不能相互替代，但它们在水稻体内的作用并非孤立，而是通过有机物的形成与转化得到相互联系。水稻生长发育所需的各类营养元素，主要依赖其根系从土壤中吸收。根据田间试验研究，每生产 100kg 水稻，需从土壤中吸收氮素（N）2.21kg，磷素（P_2O_5）1.3kg，钾素（K_2O）2.18kg。辽宁省水稻丰收杯竞赛高产群体养分分析结果，单产 11 000kg/hm² 主要水稻高产群体氮、磷、钾的比例为 2.20∶1∶2.05。由于栽培地区、品种类型、土壤肥力、施肥和产量水平等不同，水稻对氮、磷、钾的吸收量会发生一些变化。

（二）对营养元素的功能和吸收

1. 氮、磷、钾元素

　　吸收规律：水稻全生育过程中对氮、磷、钾的吸收，自返青至孕穗期，吸收总量增加较快，至孕穗期吸收氮素占总吸收量的 80%，磷占 60%，钾占 82%。植株吸收氮量有分蘖期和孕穗期两个高峰；吸收磷量在分蘖至拔节期是高峰，约占总量的 50%，抽穗期吸收量也较高；钾的吸收集中在分蘖至孕穗期。抽穗以后，氮、磷、钾的吸收量都已微弱，所以在灌浆期所需养分，大部分是抽穗期以前植株体内所贮藏的。但高产群体抽穗后仍吸收一定的氮、磷、钾。

　　生理功能：氮是植物体内蛋白质、叶绿素的主要成分，能促进根、茎、叶、籽实的生长发育；磷能促进植株体内糖的运输和淀粉合成，加速灌浆结实，有利于提高千粒重和籽实结实率；淀粉、纤维素的合成和在体内运转时不可缺钾，钾能提高根的活力，延缓叶片老化，还能增强抗御害虫和灾害能力。

2. 水稻对中、微量元素的需求特点

（1）硅。水稻是喜硅作物，吸硅量在各种作物中最多。硅是水稻必需营养元素。茎叶含硅量为 10%~20%，高的可达 30%，约为含氮量的 10 倍，主要存在于茎、叶表皮角质层中。足量的硅能增加水稻对病虫害的抗性，提高根系活力而减轻铁、锰离子的毒害作用，改善磷素营养和促进光合作用及其他代谢过程。

（2）锌。锌对水稻生长发育有重要作用。锌能促进生长素的合成。水稻锌含量是营养器官大于生殖器官。苗期和穗期（尤其是苗期）是水稻吸收锌的高峰，吸收的锌占整个生育期锌吸收量的 84.6%~96.1%。

（3）镁。水稻茎叶中含镁（MgO）为 0.5%~1.2%，穗部含量低，镁是叶绿素的重要组成部分。水稻植株缺镁不能合成叶绿素。

（4）硫。水稻体内含硫（SO_2）量为 0.2%~1.0%，水稻吸收利用的主要是硫酸盐，也可以吸收亚硫酸盐和部分含硫的氨基酸。稻株缺硫可破坏蛋白质的正常代谢，阻碍蛋白质的合成。水稻分蘖期对硫最敏感，缺硫植株明显变矮，同时缺硫影响水稻吸收磷素营养及磷素转化。

（5）钙。水稻茎叶中含钙（CaO）量为 0.3%~0.7%，穗中含量在成熟期下降至 0.1% 以下。钙以果胶酸钙形式出现，它是植株细胞壁的重要组成部分。缺钙会引起水稻植株蛋白质含量下降，非蛋白质含量增加。

（6）锰。锰是水稻体内含量较多的一种微量元素，嫩叶中含量为 500mg/kg，老叶可达 16 000mg/kg。锰能促进水稻种子发芽和生长，并能增强淀粉酶的活性。叶绿素中虽然不含锰，但锰能影响叶绿素的形成。缺锰时，叶绿素合成受阻，光合作用强度显著受到抑制。

（7）铜。铜是某些氧化酶的成分，所以它能影响水稻体内氧化还原过程。植株对铜的需要量极微。缺铜会使叶片失绿和影响光合作用强度，直接影响水稻的呼吸作用。

（8）铁。水稻体内含铁量较低，叶片中含量为 200~400mg/kg，老叶比嫩叶要高，其中一部分集中在叶绿体内。铁参与水稻的呼吸作用，影响与能量有关的生理活动。缺铁会降低水稻的光合作用强度和呼吸作用。

（9）硼。水稻对硼的需要量较少，硼对氮代谢和吸收养分有促进作用。缺硼会直接影响植株分生组织中细胞的正常生长和分化以及细胞的伸长。

（10）钼。钼能促进蛋白质的形成，参加稻体内的各种氧化还原过程。可消除酸性土壤中铝、锰离子的毒害作用，促进水稻土中自生固氮菌的活力。

二、水稻的营养失调症状及防治方法

在水稻生长发育时，若缺少某种营养元素，作物体内的新陈代谢就会受到阻碍和破坏，使根、茎、叶、花和籽实等发生特有的症状。

（一）氮素失调症状及防治方法

失调症状：缺氮时，叶色黄绿，叶片狭小，叶片数减少；茎秆硬而细小；不发根，不分蘖，易早衰；穗数和粒数减少，粒重也降低。过量时，体色浓绿，群体繁茂，分蘖多，叶长阔，因含纤维素少含水多而柔软披叶，抗逆力下降，易倒、易滋生病虫。后期贪青，成熟延迟，结实率下降，谷粒光泽消失，秕谷青米增多，品质下降。

缺氮防治方法：施用基肥；及时追施速效氮肥。

过剩防治方法：①计划用肥，因产定肥，严格控制氮肥用量。②分次施用，少量多次。

（二）磷素失调症状及防治方法

失调症状：缺磷时，叶色暗绿，叶片狭小，出生慢；分蘖少，严重缺乏时停止生长，不分蘖；延迟成熟，籽粒不饱满，千粒重低，空壳率高。过多时，发苗缓，植株瘦小，茎细叶狭；分蘖显著减少或不分蘖，成熟期延迟。

缺磷防治方法：施用磷肥；施用有机肥，减少磷的固定。

（三）钾素缺少症状及防治方法

缺钾症状：水稻缺钾，生长停滞，株形矮小，分蘖减少。叶色暗绿，叶片宽而短，出现棕色斑点，叶尖及边缘卷曲，大都出现于老叶。根短而细，根系活力弱。出穗提早，米质差。

防治方法：施用钾肥；稻草还田；提高土壤氧化势，耕翻晒垡，水旱轮作。

（四）硅素缺少症状及防治方法

缺硅症状：茎叶徒长，多汁柔软。可溶性的糖分及蛋白质增多，易生稻瘟病，品质下降。

防治方法：施用硅肥；施用猪厩肥、堆肥、生草等有机质肥料；因土采取措施。

（五）钙素缺少症状

新叶顶部卷曲、发白、不久变褐色，但下部叶片一般表现正常。细胞组织柔软。根发育不良，根毛畸形。

（六）锌素缺少症状及防治方法

缺锌症状：叶色黄绿，植株矮缩，不分蘖，幼叶叶片脉间失绿，叶片小而丛生。老叶有褐色斑点，叶脉变白，远看稻苗发红。

防治方法：基施；追肥；喷施；拌种；提高土壤氧化势，开沟排水消除渍水；避免施用过量新鲜有机肥。

（七）镁素缺少症状及防治方法

缺镁症状：叶绿素缺少，叶片发黄并产生斑点。叶数增多，叶鞘增长。

防治方法：施用镁肥；每公顷施草木灰 1 500~2 250kg 有良好效果。

（八）硫素缺少症状

返青慢，心叶变黄，叶色褪绿，叶尖焦枯，生育后期叶片上发生褐色斑点，叶片减少，叶鞘缩短。

防治方法：施用含硫肥料。

（九）铁素缺少症状及防治方法

缺铁症状：叶绿素不足，有黄白化现象。严重时不能正常孕穗。土壤缺铁，根易腐烂。

防治方法：培土、施用有机肥。

（十）锰素缺少症状及防治方法

缺锰症状：叶片只沿叶脉是绿色，其余黄化，新叶上先发生。

防治方法：用 1%~2%的硫酸锰浸种 24~48h；基施硫酸锰 1.2kg，与有机肥混用。

三、水稻测土配方施肥技术

水稻田施肥要采取"前重、中轻、后补"的原则，有机肥和化肥相结合，以适应寒地水稻生育期短、前期营养生长要早生快发、后期生殖生长要防止脱肥早衰的特点。

1. 施足基肥

基肥以有机肥为主，化肥为辅。插秧前必须施足基肥才能高产。水稻适量氮肥可促进稻株生长，但过量施用会造成无效分蘖增多，贪青、倒伏、病虫害加剧，影响水稻产量。磷、钾肥是水稻生长发育不可缺少的元素。磷肥作基肥，全部深施，不宜表施。钾肥一般基施，也可留一部分在拔节期施用。

根据田间试验、土壤性状、作物营养特征等综合因素，推荐岭东水田总养分含量45%的水稻区域大配方 $N-P_2O_5-K_2O$ 配比为 17-15-13，$N：P_2O_5：K_2O=1：0.88：0.76$，目标产量为 8 250kg/hm^2 时，配方肥推荐用量 392~479kg/hm^2。各旗（市、区）区域大配方和建议施肥量见表3-4。

表3-4　水稻基肥配方及建议施肥量范围　　　　　单位：kg/hm^2

地区	总养分含量45%肥料配方	施N量	施P_2O_5量	施K_2O量	$N+P_2O_5+K_2O$量	总养分含量45%配方肥	
						施用量	施用区间
岭东水田	17-15-13	74	65	57	196	435	392~479
扎兰屯市	17-13-15	71	55	63	189	420	378~462
阿荣旗	18-14-13	82	64	59	205	455	409~500
莫力达瓦达斡尔族自治旗	17-16-12	79	74	56	209	465	416~512
鄂伦春自治旗	18-15-12	78	65	52	195	435	392~479

2. 早施蘖肥

水稻返青后及早施用分蘖肥，可促进低位分蘖的发生，增穗作用明显。分蘖肥分二次施，一次在返青后，用量占氮肥总量的20%左右，目的在于分蘖；另一次在分蘖盛期作调整施肥，用量占总氮量的10%左右，目的在于保证全田生长整齐，并起到保蘖成穗的作用。这样既可以减少无效分蘖，又可以减少由于一次施肥过多而造成的肥料损失。

3. 巧施穗、粒肥

适量追施穗、粒肥，使中、后期氮肥占氮肥施用量的 10% 以内，产量和经济效益都较高。应根据密度的大小来调整穗肥和粒肥的施用量。群体适宜的稻田穗肥倒 2 叶伸长时施，促进剑叶稍长一些，小群体则在穗分化前施。粒肥在孕穗至齐穗期施用。天气条件好时正常施。阴雨寡照，或水稻贪青晚熟，或已发生过稻瘟病，则不施。直立穗品种一般不施粒肥。

4. 硅肥的施用

硅肥可以作肥料，提供养分，又可以用作土壤调理剂，改良土壤。还有防病、防虫和减毒的作用。实践表明，缺硅土壤施用硅肥，具有显著的增产效果。硅肥作基肥施入。根据不同地块土壤有效硅的含量与硅肥水溶态硅的含量确定硅肥施用量。有效硅含量达到 50% ~ 60% 的水溶态硅肥，施用量为 90 ~ 150kg/hm²，有效硅含量为 30% ~ 40% 的钢渣硅肥，施用量为 450 ~ 750kg/hm²。

第四节　小麦测土配方施肥技术

呼伦贝尔小麦是旱作春小麦，产区集中在大兴安岭以及大兴安岭以西的高寒地区，种植面积仅次于大豆和玉米，年播种面积在 14.5 万 hm² 以上，占总播种面积的 9.6%。品种主要有克旱 16 号、拉 2577、北麦 9 号、格莱尼、垦九 10 号等。产量为 3 000 ~ 5 250kg/hm²。

呼伦贝尔小麦虽然属于北方春小麦品种，但是与其他地区的春小麦相比具有明显的优势。绿色优势是呼伦贝尔小麦的突出特点。呼伦贝尔小麦主产区位于大兴安岭山地向呼伦贝尔大草原过渡地带，该区域周围环绕大森林和大草原，人迹罕至，土地开发晚，经营规模大，土壤肥沃，远离工业区，环境清洁，没有污染。大兴安岭气候温凉，病虫害极少，农药化肥施用量少，土壤有害物残留极低，具有发展绿色小麦生产的优越自然条件，是理想的绿色食品生产基地。目前，呼伦贝尔市已经有多个大型小麦生产单位取得了绿色食品标志证书。

品质好（口感好、营养高）：呼伦贝尔市特有的自然气候特点如下。一是日照丰富，年辐射量大，使有效积温利用率很高，非常有利于小麦的光合作用；昼夜温差大，十分有利于小麦作物的胚乳、糖类、淀粉等营养物质的积累。二是呼伦贝尔小麦良种应用范围已经达到 100%，这是从根本上保证小麦品质好的重要措施。三是呼伦贝尔小麦种植生产过程的机械化程度达100%，在全国是最高的。收获过程全部采用大型的先进机械分段收获，通过机械化割晒实现了小麦籽粒的后熟过程，确保籽粒饱满；通过机械化拾禾收获防止了直接联合收获麦粒水分过高，降低小麦品质的问题。

外观好：从呼伦贝尔小麦的外观看，一是许多优质中强筋小麦的种皮为淡黄色（俗称白皮小麦），这与普通北方小麦（俗称红皮小麦）颜色区别很大，白皮小麦外观比较好看，同时白皮小麦制成的面粉白度也较高。二是许多优质中强筋小麦千粒重高，与普通北方小麦相比，明显具有麦粒大的特点。三是呼伦贝尔小麦收获过程全部采用大型的机械分段收获，籽粒饱满，小麦种皮外表光亮。

一、小麦需肥特点

（一）小麦的需肥量

小麦是需肥量较大的作物。根据试验研究结果，小麦每形成100kg籽粒，需从土壤中吸收氮素（N）3.13kg、磷素（P_2O_5）1.45kg、钾素（K_2O）2.81kg，氮、磷、钾比例为1：0.46：0.89。由于各地气候、土壤、栽培措施、品种特性等条件不同，小麦产量也不同，因而对氮、磷、钾的吸收总量和每形成100kg籽粒所需养分的数量、比例也不相同。

（二）小麦对营养元素的吸收

1. 对氮、磷、钾元素的吸收规律

小麦不同时期的吸肥量，对氮、钾的吸收量以拔节到孕穗时期为最高，开花到乳熟期为第二高峰，磷的吸收量从拔节后逐渐增多，一直到乳熟都维持较高的吸收量。不同生育时期营养元素吸收后的积累分配，主要随生长中心的转移而变化。苗期主要用于分蘖和叶片等营养器官的建成；拔节至开花期主要用于茎秆和分化中的幼穗；开花以后流向籽粒。磷的积累分配与氮基本相似，但吸收量远小于氮。钾向籽粒中转移量很少。

2. 对中量元素钙、镁、硫的吸收

硫含量在各生育期最高；钙、镁的浓度相差不大。随着生育期的推进，硫、钙、镁的含量均有所下降，硫、钙呈连续性下降，镁的变化呈"凹"形曲线，到乳熟期达最低点，成熟期略有上升。从分蘖期到成

熟期，硫含量下降幅度最大，钙其次，镁第三。

从分布看，挑旗期，硫、钙、镁主要集中在茎叶中，至乳熟期到成熟期呈下降趋势，逐渐向生殖器官移动。

3. 对微量元素铁、锰、铜、锌的吸收

随着生育时期的推进，微量元素铁、锰、铜、锌的浓度呈下降趋势。铁浓度因生育时期的不同有较大差异，分蘖期浓度最大，到了开花期迅速下降。开花后浓度下降较为平缓；锰、锌浓度从分蘖到挑旗下降幅度较大，以后平缓。铜为双峰曲线，第一个峰值出现在分蘖期，第二个峰值出现在乳熟期。

二、小麦的营养失调症状及防治方法

（一）氮素失调症状及防治方法

失调症状：缺氮时，老叶均匀发黄，植株矮小细弱，无分蘖或少分蘖，穗小粒少，退化小花数增多，过早成熟，产量降低。氮过剩时，分蘖期茎叶繁茂，茎秆软弱，通风透光不良，后期病虫害增多，拔节期基部结间伸长过度易倒伏，灌浆成熟过程严重恶化，品质劣变，麦粒皮多粉少。

缺氮的防治方法：施足基肥，苗期缺氮，可开沟追施氮肥，后期缺氮，可采用根外追氮的方法补救，叶面喷施即可。

过剩的防治方法：计划施肥，根据作物需肥量、产量指标、土壤供肥能力综合考虑；注意氮钾配合。

（二）磷素失调症状及防治方法

失调症：缺磷时，根系发育受到严重抵制，尤其对次生根影响较大，分蘖减少。叶色暗绿无光泽或显紫色，抽穗开花延迟，籽粒灌浆不正常，千粒重降低，品质变劣，产量下降。磷过剩时，无效分蘖增加，瘪粒增多，叶肥厚而密集，植株矮小，繁殖器官过早发育，茎叶生长受抑，植株早衰。

缺磷的防治方法：基施磷肥，中性偏碱土壤宜施过磷酸钙，酸性土壤宜施钙镁磷肥；基施有机肥，与磷肥配合施用可减少磷固定。

过剩的防治方法：增施氮、钾、锌及其他微肥，调整元素间的失调。

（三）钾素缺少症状及防治方法

缺钾症状：植株生长延迟，矮小，茎秆脆弱，易倒伏，叶色浓绿，叶片短小，老叶由黄渐渐变成棕色以致枯死，褪绿区逐渐向叶基部扩展，根系生长不良，抽穗成熟显著提早。

防治方法：基肥中施足钾肥；节制氮肥，控制氮钾比例。

（四）钙素缺少症状及防治方法

缺钙症状：缺钙症状从新生部位表现，新叶呈灰色，变白，以后叶尖枯萎。茎尖与根尖死亡，根毛发育不良，严重时影响根系的吸收功能。

防治方法：酸性土壤缺钙，施用石灰；避免施钾过多；适时灌溉，保证水分充足。

（五）镁素缺少症状及防治方法

缺镁症状：植株矮小，叶细柔嫩下垂，中下部叶片叶脉间褪绿后残留形似念珠状串联绿斑，孕穗后消失。

防治方法：改良土壤，酸性土壤易缺镁，可使用钙镁磷肥；防止氮钾肥过量施用。

（六）硫素缺少症状及防治方法

缺硫症状：植株颜色淡绿，幼叶较下部叶片失绿明显，一般上部叶片黄化，下部叶片保持绿色。茎细，僵直，分蘖少，植株矮小。

防治方法：施用含硫肥料，每公顷施纯硫 15~22.5kg。

（七）铁素缺少症状及防治方法

缺铁症状：小麦叶脉间组织黄化，呈明显的条纹，幼叶丧失形成叶绿素的能力。

防治方法：用硫酸亚铁 0.1%~0.5% 的水溶液喷洒叶面。

（八）锌素缺少症状及防治方法

缺锌症状：节间缩短，叶小簇生，叶缘呈皱缩状，脉间失绿发白，呈黄白绿三色相间的条纹带，出现白苗、黄化苗，严重时出现僵苗死苗，且抽穗推迟，穗小粒少。

防治方法：基施锌肥，每公顷施 15~30kg 硫酸锌；叶面喷施 0.1% 的硫酸锌溶液；选用耐缺锌品种。

（九）硼素缺少症状及防治方法

缺硼症状：前期营养生长没有特殊表现，后期表现出不同程度的花粉败育，花粉粒畸形，严重时雄蕊发育不完全。

防治方法：施用硼肥，基施硼砂 7.5kg/hm²，喷施浓度为 0.1%~0.2%；增施有机肥，节制用氮；灌水抗旱，防止土壤干燥。

（十）钼素缺少症状及防治方法

缺钼症状：叶片失绿，叶尖和叶缘呈灰色，开花成熟延迟，籽粒皱缩。

防治方法：施用钼肥，每公顷用钼酸铵 150g，叶面喷施浓度 0.02%~0.05%的钼酸铵溶液；酸性土壤，施用石灰提高土壤 pH 值，可增加钼有效性。

（十一）锰素缺少症状及防治方法

缺锰症状：植株发育不全，叶片细长，叶片失绿，叶尖焦枯，叶片上有不规则斑点，叶尖成紫色，严重时明显矮化，整株缺绿。

防治方法：施用锰肥，如硫酸锰、氯化锰等，每公顷施 15kg 左右，根外追施用 0.1%~0.2%的锰肥溶液；多施有机肥，促进锰的还原，增加有效性。

（十二）铜素缺少症状及防治方法

缺铜症状：叶片尖端失绿，干枯，变成针状弯曲，植株呈浅绿色。严重时，抽穗很少或不抽穗，穗小籽粒少。

防治方法：施用铜肥，每公顷施用 15~30kg 硫酸铜，基施时避免与种子接触。叶面喷施 0.1%的硫酸铜溶液，喷施时浓度不能过高，否则可能灼伤叶片。

三、小麦测土配方施肥技术

（一）施肥原则

（1）有机肥与无机肥（化肥）配合施用的原则，增施有机肥，加强秸秆还田，合理施用化肥。

（2）施足基肥和种肥，追肥为辅的原则。

（3）结合土壤供肥性能、小麦需肥规律及肥料特性，测土配方施肥，合理配合施用氮、磷、钾三要素肥料。

（4）注重微肥和叶面肥施用原则，结合土壤养分测试和苗情长势，合理增施微量元素肥料，适时适量喷施叶面肥。

（二）测土配方施肥技术

（1）增施有机肥，秸秆还田。每公顷增施商品有机肥 1 000kg 以上，或秸秆还田 3 000kg。秸秆还田可结合免耕耙茬、免耕留高茬直接播种进行，也可直接粉碎还田。

（2）测土配方，施足施好基种肥。基种肥以化肥为主，根据田间试验、土壤养分情况、作物营养特征等，设计各种养分配比及用量，推荐岭西地区总养分含量 45% 的小麦区域大配方 $N-P_2O_5-K_2O$ 配比为 16-19-10，$N : P_2O_5 : K_2O = 1 : 1.19 : 0.63$，目标产量为 4 500kg/hm² 时，配方肥推荐用量 294~360kg/hm²。

各旗（市、区）区域大配方和建议施肥量见表 3-5。基种肥的施用提倡秋施肥，将基种肥的 2/3 作基肥，于头年秋季结合整地深施，深度 5~7cm，剩余 1/3 作种肥随播种一次性施入；也可将基种肥随播种一次性施用，要求实行分层施肥和侧深施，种肥分离，播种时将肥料总量的 3/4 放入播种机施肥箱内深施于土壤中，深施 8~10cm，其余 1/4 与种子混合播入土壤。

表 3-5　小麦基肥配方及建议施肥量范围　　　　单位：kg/hm²

地区	总养分含量45%肥料配方	施N量	施P_2O_5量	施K_2O量	$N+P_2O_5+K_2O$量	总养分含量45%配方肥	
						施用量	施用区间
岭西地区	16-19-10	52	62	33	147	327	294~360
海拉尔区	21-11-13	51	47	56	154	427	384~470
牙克石市	17-20-8	45	53	21	119	267	240~294
根河市	16-19-10	56	66	35	157	347	312~382
额尔古纳市	16-21-8	41	54	21	116	258	232~283
鄂温克族自治旗	16-19-10	57	68	36	161	359	323~394
陈巴尔虎旗	15-20-10	43	57	29	129	285	257~314
新巴尔虎左旗	16-18-11	55	61	38	154	341	307~376

（3）适时追肥。在小麦苗期至 3 叶期，追施尿素 15~30kg/hm²，采

用播种机条施侧施，或结合灭草叶面喷施尿素 5.0~7.5kg/hm²、磷酸二氢钾 3kg/hm²；拔节期叶面喷施尿素 3~5kg/hm²；拔节至灌浆期叶面喷施磷酸二氢钾 1.5kg/hm²。有条件的苗期追肥可结合喷灌进行。

（4）合理施用微肥和叶面肥。根据土壤微量元素含量，结合苗情长势，补施锌等微量元素肥料，喷施相应叶面肥。

第五节　大麦测土配方施肥技术

呼伦贝尔市啤酒大麦主要种植区域在岭西地区，年播种面积在 5 万 hm² 左右，约占总播种面积的 3.5%。种植方式主要为旱作，机械平条播。种植品种主要有垦啤麦 7 号、垦啤麦 9 号、甘啤四号等。产量水平为 2 500~4 000kg/hm²。

一、大麦需肥特点

（一）大麦的需肥量

根据试验研究结果，每生产 100kg 大麦籽粒，需要从土壤中吸收氮素（N）2.58kg、磷素（P_2O_5）1kg、钾素（K_2O）2.27kg。

（二）大麦对氮、磷、钾营养元素的吸收

大麦在不同生育阶段吸收氮、磷、钾的数量不同。前期以营养生长为主，氮的吸收量相对较多；拔节至孕穗期是茎秆急剧伸长阶段，对钾的吸收量相对较多；孕穗至开花期对磷的吸收量相对较多。

大麦一生中需肥量出现两个高峰，第一个是苗期，从出苗到分蘖，氮和钾的吸收量约占施肥总量的 50%，磷约占 35%；第二个是从拔节到抽穗开花阶段，需肥数量最多，齐穗时吸收的磷、钾已达 100%，吸收的氮达 92.4%。

二、大麦的缺素症状

缺氮症状：大麦分蘖盛期老叶叶色呈淡黄绿色，老叶尖干枯，后全叶枯黄；茎细长、直立，有时现淡紫色，分蘖少，穗小。

缺磷症状：分蘖期、拔节期或孕穗期，叶片呈深褐色略带紫色，尤其叶鞘部紫色很明显，从叶尖向基部扩展，植株瘦小，分蘖少，抗寒力差，

易受冻。

缺钾症状：拔节至孕穗期，叶呈蓝绿色，老叶变黄，叶尖及叶缘黄化焦枯，孕穗期黄化更加明显，叶面出现白斑，叶下披，叶片、主茎夹角大，严重的抽穗困难或提前枯死，麦粒小、皱缩。

缺锰症状：苗期新叶柔软下披，新叶叶肉条纹状失绿，由黄绿色变成黄色，叶脉仍为绿色。

缺铁症状：下部叶色绿，渐次向上褪淡，新叶全部黄化。

缺硼症状：开花期延长，雄蕊发育不良，严重时出现空穗。

缺钼症状：叶色淡绿，叶尖和叶缘呈灰色。茎软弱。开花延迟，籽粒生长受阻。

缺锌症状：脉间失绿，叶小，根细。

缺镁症状：植株生长缓慢，叶色淡绿。叶脉附近出现珠状暗绿斑，老叶脉间黄化，边缘坏死变褐。

缺钙症状：从新叶的叶尖开始黄白化，接着干枯。

三、大麦测土配方施肥技术

（一）施肥原则

根据大麦作物不同时期和不同的需肥特点，按照比例合理施肥。在施肥上掌握"前重后轻，重施底肥，早施追肥，控制氮肥"的原则。大麦生育期短，前期吸肥能力较强，在生育初期要保证养分供应，要求有较高水平的氮素和适量的磷、钾营养，才能促使幼苗早发根、早分蘖，加快幼穗分化进程。因而要施足基肥和种肥，巧施追肥；氮、磷、钾良好配合，磷、钾肥作基肥，氮肥重施底肥，少施追肥；控制氮肥水平，确保品质防倒伏。

（二）测土配方施肥方法

（1）提倡增施商品有机肥，实行秸秆还田。

（2）施足基种肥，促进早发壮苗。根据田间试验结果、土壤肥力和土壤化验结果，确定施肥量。推荐岭西地区总养分含量为 45% 的区域大配方 $N-P_2O_5-K_2O$ 配比为 15-20-10，$N : P_2O_5 : K_2O = 1 : 1.33 : 0.67$，目标产量 4 200kg/hm^2 时，配方肥推荐用量 235～287kg/hm^2。各旗（市、区）区域大配方和建议施肥量见表 3-6。

表 3-6　大麦基肥配方及建议施肥量范围　　　　单位：kg/hm²

地区	总养分含量45%肥料配方	施N量	施P₂O₅量	施K₂O量	N+P₂O₅+K₂O量	总养分含量45%配方肥 施用量	施用区间
岭西地区	15-20-10	39	52	26	117	261	235～287
牙克石市	15-19-11	42	53	31	126	278	250～305
根河市	14-20-11	37	52	29	118	261	235～287
额尔古纳市	15-23-7	32	48	15	95	210	189～231
鄂温克族自治旗	17-20-8	46	54	22	122	270	243～297
陈巴尔虎旗	15-20-10	38	50	25	113	252	227～277
新巴尔虎左旗	15-19-11	44	55	32	131	291	262～320

基种肥的施用提倡秋施肥，将基种肥的2/3作基肥，于上年秋季结合整地深施，深度5～7cm，剩余1/3作种肥随播种一次性施入。也可将基种肥随播种一次性施用，要求实行分层施肥和侧深施，种肥分箱，播种时将肥料总量的3/4放入播种机施肥箱内深施于土壤中，深施5～8cm，其余1/4与种子混合播入土壤。

（3）酌情追肥，看苗促控。大麦不提倡中、后期追肥，特别是追施氮肥，以免蛋白质增加降低品质和贪青倒伏。若必要，可于苗期追施尿素15kg/hm²左右，或叶面喷施尿素3.5～7.5kg/hm²。

第六节　油菜测土配方施肥技术

呼伦贝尔市油菜产区集中在大兴安岭及岭西的森林与草原过渡地区，自然条件适宜发展油菜籽生产。地处高纬度、高海拔、气候温凉、昼夜温差大、日照时间长、有效积温利用率高，非常适宜油菜籽的生长发育，有利于油料作物脂肪的积累。呼伦贝尔油菜籽具有高油、低芥酸、低硫苷特征。呼伦贝尔油菜籽在全国油脂行业中久享盛誉，年产高品质油菜籽25万t。近年来年播种面积在14万hm²左右，约占总播种面积的9%。种植方式主要为旱作，机械平条播，免耕直播。种植品种主要有青油14、青杂2号、青杂3号、青杂5号等，均为甘蓝型双低油菜。产量水平为1 500～2 000kg/hm²。

一、油菜需肥特点

（一）油菜的需肥量

油菜的需肥特性有：对氮、磷、钾的需要量比禾谷类作物多；对磷和硼的反应比较敏感，当土壤速效磷含量小于 5mg/kg 时，出现明显的缺磷症状，对土壤有效硼的需要量比其他作物高 5 倍；根系能分泌有机酸，可利用土壤难溶性磷；除镁外，吸收的各种营养元素向籽粒运转率高；营养元素还田率高。

油菜是一种需肥量较大、耐肥性较强的作物。根据试验研究，每生产形成 100kg 油菜籽，需要从土壤中吸收氮素（N）5.82kg、磷素（P_2O_5）1.37kg、钾素（K_2O）4.79kg。在一定生产水平下，生产相同重量的产品，油菜对氮、磷、钾的需要是小麦的近 3 倍。

（二）营养元素的功能和吸收

1. 氮、磷、钾元素的作用和吸收规律

氮肥充足，能保证油菜正常发育，使有效花芽分化期相应加长，为增加结荚数、粒数和粒重打下基础；及时供应磷肥，能增强油菜的抗逆性，促进早熟高产，提高含油量；增施钾肥能减少油菜菌核病的发生，促进茎秆和分枝的形成，增强植株的抗逆能力；硼肥能够促进开花结实，荚大粒多，籽粒饱满。

油菜不同生育时期对养分的需求不同。油菜苗期吸氮占一生吸氮量的20%～25%，薹花期为吸氮高峰期，吸收量占 50%～70%，成熟期占10%～20%。油菜在整个生长发育过程中都不可缺磷，苗期对磷最为敏感，吸收利用率高，薹花期为吸磷高峰期，约占一生吸磷量的 50%。油菜的钾吸收量与氮接近，薹花期为油菜吸钾高峰期，占一生吸钾量的65%左右。在油菜生产过程中，及时充足地供应氮肥，平衡施用磷、钾肥，适当补施硼肥，对油菜的优质高产有着重要的作用。

2. 对硫、钙、硼、锌的吸收

油菜需要中、微量元素较多，但对生长发育影响较大的是硼元素，其次是硫、钙、锌等元素。

（1）硫。油菜的需硫量较大，与磷相似。油菜籽中含硫量为 0.89%，茎秆中含全硫 0.35%，无机硫 0.13%，有机硫 0.23%。油菜成熟期对硫

的吸收累积量最高。缺硫土壤施用硫肥可明显提高籽粒产量和含油量。

（2）钙。油菜对钙的需要量较大，有时候甚至超过氮、磷、钾。苗期含钙量最高，约占干物质的3%，蕾薹期有所下降，开花期又有回升，至终花期又下降。在各时期所有器官中，均以叶片含钙量最高。

（3）硼。油菜对硼的吸收，随生育进程而逐步增加，终花—成熟期的吸硼量可占全生育期的50%~60%。油菜体内含硼较其他作物高。不同器官硼的含量花蕾>角果皮>种子>叶片>茎枝。硼对生殖器官的形成和发育有重要作用，花粉粒含硼79.2mg/kg，较营养器官高。当土壤中可溶性硼的含量小于0.4mg/kg时，油菜会出现植株矮化、生长萎缩、"花而不实"等病症，减产严重。施用硼肥可明显增产。

（4）锌。植株中锌含量随生育进程呈单峰曲线变化，开花期锌含量最高，苗期和成熟期含量较低。全株锌含量随施锌量的增加而提高。

二、油菜的缺素症状和防治措施

（一）氮素缺少症状及防治方法

缺氮症状：新叶生长慢、叶片小、叶色淡，黄叶多，有时叶色逐渐褪绿呈现红色或紫红色，严重时呈现焦枯状。植株生长瘦弱，主茎矮而纤细，株型松散。根细长。开花较早，花期缩短，角果少而短，产量和品质下降。

防治措施：增施氮肥或追施尿素、叶面喷施尿素溶液。

（二）磷素缺少症状及防治方法

缺磷症状：油菜是对磷非常敏感的作物，缺磷症状在子叶期即可出现。幼苗缺磷，子叶变小增厚，颜色深暗。真叶出生推迟，型小直立，上部叶片暗绿无光泽，下部叶片呈紫红色，叶柄和叶脉背面尤为明显；植株苍老、僵小。分枝节位抬高，数量减少，主茎和分枝细弱，花荚锐减。出叶速度明显减慢，全株叶数减少。开花推迟，角果稀而少，籽粒含油量降低。

防治措施：增施磷肥或连续叶面喷施磷酸二氢钾2~3次。

（三）钾素缺少症状及防治方法

缺钾症状：缺钾症在苗期即可发生，表现在基生叶叶缘出现黄白色或灰白色斑点。抽薹后植株瘦小，茎枝细弱。植株矮小，分枝、角果数减少，角果短小，扭曲畸形，成熟期推迟，产量降低。

防治措施：增施钾肥或叶面喷施磷酸二氢钾溶液。

（四）硼素缺少症状和防治措施

缺硼症状：油菜早期缺硼时，植株叶片皱缩变小、增厚、发脆，先从叶缘开始变为紫红色，后向内发展使叶片变为蓝紫色，并逐渐变黄脱落。根系发育不良，侧根和细根少。抽薹期缺硼，中部叶片由叶缘向内出现玫瑰花色，叶质增厚、易脆、倒卷，茎萎缩呈褐色心腐或空心、裂茎等。后期缺硼，株高较正常，但幼嫩芽或顶芽发育受阻，结实差，"花而不实"现象严重，特别是氮素营养充足时，枝多花旺，"疯花不实"现象严重。

防治措施：喷施硼肥；基施硼肥；配方施肥。

（五）钙素缺少症状和防治措施

缺钙症状：首先发生在新叶和叶尖上。植株矮小，软弱无力，呈凋萎状，幼叶失绿、变形，严重时幼嫩叶变形或死亡。顶花易脱落，结角期花序顶端弯曲，呈"断脖"症状。

防治措施：酸性土壤施用适量石灰，碱性土壤施用适量石膏；后期用0.2%硝酸钙溶液叶面喷施。

（六）镁素缺少症状和防治措施

缺镁症状是一般不常见。最初在叶片上产生褪绿斑点，逐渐扩大到叶脉之间，使叶脉间失绿，后为橙色或红色，但叶脉仍绿色。通常老叶先表现出缺素症，然后扩展到幼嫩叶片。严重缺镁时叶片枯萎而过早脱落。缺镁植株通常大小正常，但开花受抑制，花瓣颜色苍白。

防治措施：0.2%硫酸镁溶液叶面喷施。

（七）锌素缺少症状和防治措施

缺锌症状是植株矮小，节间缩短。叶片小而略有增厚，叶背出现紫红色花青素，严重时先从叶缘开始褪色，变为灰白色，中下部白化严重的叶片皱缩外翻，叶尖向下披垂。生育期推迟，开花受抑制，甚至完全不结实。

防治措施：施硫酸锌 $7.5 \sim 15 kg/hm^2$；0.1%硫酸锌叶面喷施。

（八）硫素缺少症状

缺硫症状是叶片颜色褪淡，新叶较老叶失绿明显加重，后期叶片出现紫红色斑块。植株矮小，茎易折断。开花结角推迟，花色变淡，花小而少，角果尖端干瘪，种子发育不良。

（九）铁素缺少症状

缺铁症状是从幼嫩叶片开始出现叶脉间失绿黄化，而叶脉仍保持绿色，随缺铁加重或持续时间延长，叶脉也会随之失绿而使整片叶黄化。一般下部老叶通常保持正常。

（十）锰素缺少症状

缺锰症状是首先幼嫩叶失绿呈黄白色，叶脉保持绿色，叶脉间呈灰黄色或灰红色，严重时整个叶片呈淡紫色，症状逐渐扩展至老叶，植株长势弱，开花受阻，结角数减少。

（十一）钼素缺少症状

缺钼症状是幼苗矮小、瘦弱，发育迟缓，真叶抽出慢，开花、结实延迟。叶片失绿，有黄色或橙黄色斑点，严重时叶缘黄化、萎缩，老叶变厚、焦枯，以至死亡。

三、油菜测土配方施肥技术

（一）施肥原则

油菜对氮肥的吸收利用有两个高峰期，苗期是氮素营养的临界期，蕾薹期是需氮最多的时期；生长初期对磷的反应最敏感，花期至成熟阶段是吸磷最多的时期，而磷在作物体内能被再度利用，所以磷肥应全部作基肥用；蕾薹期吸钾量最多，约占总量的一半，所以钾肥施用越早，效果越好；苗期、薹期、花期是油菜需硼的关键时期。因而油菜施肥应遵循"施足基种肥，早施苗薹肥，重视花肥和微肥"的原则。

（二）测土配方施肥方法

1. 增施有机肥，秸秆还田

每公顷增施商品有机肥 1 000kg 以上，或秸秆还田 3 000kg。秸秆还田可结合免耕耙茬、免耕留高茬直接播种进行，也可直接粉碎还田。

2. 测土配方，施足基种肥

基肥以化肥为主，根据田间试验结果、土壤养分情况，设计好各种养分配比及用量。岭西地区总养分含量45%的油菜区域大配方 $N-P_2O_5-K_2O$

配比为 17-20-8，N：P_2O_5：K_2O = 1：1.18：0.47，目标产量为 2 250kg/hm² 时，配方肥推荐用量 315~384kg/hm²。各旗（市、区）区域大配方和建议施肥量见表3-7。

表3-7　油菜基肥配方及建议施肥量范围　　　　单位：kg/hm²

地区	总养分含量45%肥料配方	施N量	施P_2O_5量	施K_2O量	N+P_2O_5+K_2O量	总养分含量45%配方肥	
						施用量	施用区间
岭西地区	17-20-8	59	70	28	157	350	315~384
牙克石市	16-20-9	50	62	28	140	310	279~341
根河市	16-20-9	64	80	36	180	399	359~439
额尔古纳市	18-21-6	53	62	18	133	297	267~326
鄂温克族自治旗	16-20-9	63	79	36	178	395	356~435
陈巴尔虎旗	17-20-8	54	63	25	142	316	285~348
新巴尔虎左旗	16-19-10	60	71	38	169	375	338~413

基种肥施用方法为：秋施肥，将基种肥的2/3作基肥，于上年秋季结合整地深施，深度5~7cm，剩余1/3作种肥随播种一次性施入。也可将基种肥随播种一次性施用，要求实行分层施肥和侧深施，种肥分箱，播种时将肥料总量的3/5放入播种机施肥箱内深施于土壤中，深施5~8cm，其余2/5与种子混合播入土壤。

3. 适时追肥

于苗期、蕾薹期及花期及时追肥或叶面喷肥。苗期追施尿素15kg/hm²，或结合灭草叶面喷施尿素7.5kg/hm²；蕾薹期追施尿素15~30kg/hm²，叶面喷施磷酸二氢钾1.5~2.0kg/hm²；花期叶面喷施磷酸二氢钾3kg/hm²。

4. 硼肥施用

当土壤水溶态硼含量低于必须施用临界值0.42mg/kg时，必须配施硼肥；低于有效施用临界值1.61mg/kg，可根据具体情况酌情考虑。作基肥，每公顷用7.5kg硼砂或3kg持力硼与其他肥料混拌，一起作基肥施用；拌种时，每千克种子用1~2g硼砂或硼酸掺拌（勿过量、宜与种肥一起掺拌）；叶面喷施，在蕾薹期、初花期结合追肥、病虫防治，叶面分别喷施高效速溶硼肥1.2~1.5kg/hm²或0.1%~0.2%硼砂水溶液。

第七节　马铃薯测土配方施肥技术

呼伦贝尔市气候冷凉、土质肥沃、蚜虫繁殖代数少，马铃薯退化慢，是全国马铃薯商品薯、种薯繁育基地之一，主要分布在大兴安岭东侧的阿荣旗和扎兰屯市、岭西的海拉尔区和牙克石市。年播种面积 6.5 万 hm^2 左右，约占总播种面积的 4.3%。产量一般为 28 000~35 000kg/hm^2，岭西地区的产量高于岭东地区。生产中应用的主要品种有费乌瑞它、克新 1号、大西洋、早大白、303、花 525、大深坑、黄南胶等。种植方式主要为旱作、垄作，大部分机播机收。

一、马铃薯需肥特点

（一）马铃薯的需肥量

马铃薯是高产喜肥作物，需肥量较多，合理增施肥料是大幅度提高产量和改善品质的有效措施。马铃薯是典型的喜钾作物，在肥料三要素中，需钾肥最多，氮肥次之，磷肥较少。根据试验研究，每生产 1 000kg 块茎（鲜薯）产品，需要从土壤中吸收氮素（N）5.03kg、磷素（P_2O_5）1.53kg、钾素（K_2O）7.05kg，氮、磷、钾吸收比例为 1：0.3：1.4。此外，硫、钙、硼、铜、镁、锌、钼等微量元素也是马铃薯生长发育所必需的。马铃薯是忌氯作物，不能大量施用含氯的肥料，如氯化钾等。

（二）营养元素的功能和吸收

1. 氮、磷、钾元素的功能及吸收

氮肥能促进植株茎叶生长和块茎淀粉、蛋白质的积累。适量施氮肥，可使马铃薯枝叶繁茂、叶色浓绿，能提高块茎产量和蛋白质含量。磷肥虽然需求量少，却是植株生长发育不可缺少的肥料。磷能促进马铃薯根系生长、植株发育健壮，还可促进早熟、增进块茎品质和提高耐贮性。钾元素是马铃薯生长发育的重要元素，尤其是苗期。钾肥充足，植株健壮，茎秆坚实，叶片增厚，抗病力强。钾对光合作用和后期淀粉形成、积累具有重要作用。

马铃薯在不同的生育阶段需要的养分种类和数量都不同，需肥总趋势是前、中期较多，后期较少。幼苗期需肥量占全生育期需肥总量的 20%

左右；块茎形成至块茎增长期（现蕾至开花期）需肥最多，约占全生育期需肥总量的 60%；淀粉积累期需肥又减少，约占全生育期需肥总量的 20%。各生育期吸收氮、磷、钾的情况是苗期需氮较多，中期需钾较多，整个生长期需磷较少。可见，块茎形成与增长期的养分供应充足，对提高马铃薯的产量和淀粉含量起重要作用。

2. 中量元素钙、镁、硫的作用及吸收规律

钙是构成细胞壁的元素之一，钙对马铃薯具有双重作用，可以作为营养元素，供植株吸收利用，又能促进土壤有效养分的形成，中和酸性土壤，抑制其他化学元素对马铃薯的毒害作用，从而改善土壤环境，促进马铃薯生长发育。镁是叶绿素的成分，也是多种酶的活化剂，影响呼吸过程和核酸、蛋白质的合成及糖类的代谢。钙和镁在马铃薯体内的含量十分稳定，占各种无机元素总量的 6% 左右。其中一种的含量增加，另一种的含量必定减少。硫是组成蛋白质的成分之一，也是辅酶 A 的成分之一，辅酶 A 影响脂肪、糖类等许多重要物质的形成。

在马铃薯生长期间，植株吸收的钙、镁主要分配在叶中，收获时分别占植株总吸收量的 54.7%、48.2%；其次是茎枝，分别占植株总吸收量的 31.6%、36.7%；块茎中最少，仅占植株总吸收量的 13.7%、15.1%。收获时植株吸收的硫主要分配在块茎和茎枝中，叶中最少，分别占植株总吸收量的 40.9%、39.3% 和 19.8%。

3. 微量元素铁、锰、铜、锌、硼的生理功能

微量元素也是马铃薯生育必不可少的，其中具有重要生理作用的有锌、铜、硼、锰、铁等。在块茎增长期，马铃薯新鲜叶片中各种微量元素的含量是：铁 70~150mg/kg，硼 30~40mg/kg，锌 20~40mg/kg，锰 30~50mg/kg。

这些微量元素是许多种酶的组成成分或活化剂，如铁是细胞色素氧化酶、过氧化氢酶和过氧化物酶的成分之一，在细胞呼吸过程中起重要作用。锰能提高呼吸强度，也是叶绿体的结构成分。铜能影响氧化还原过程，增强呼吸强度。硼能促进糖类的代谢和运输，以及细胞的分裂作用。锌是某些酶的组成成分和活化剂，又是吲哚乙酸合成所必需的物质。

二、马铃薯的营养缺少症状和防治方法

（一）氮素缺少症状和防治方法

缺氮植株：氮素供应不足，植株生长缓慢，茎秆细弱矮小，分枝少，生长直立，叶片首先从植株基部开始呈淡绿或黄绿色，并逐渐向植株顶部扩展，叶片变小而薄，略呈直立，每片小叶首先沿叶缘褪绿变黄，并逐渐向小叶中心部发展。严重缺氮时，至生长后期，基部老叶全部失去叶绿素而呈淡黄或黄色，以致干枯脱落，只留顶部少许绿色叶片，且叶片很小，整株叶片上卷。

防治方法：合理施用氮肥，应重施有机肥料，并配以适量的速效性氮肥。

（二）磷素缺少症状和防治方法

缺磷症状：生育初期症状明显，植株生长缓慢，株高矮小或细弱僵立，缺乏弹性，分枝减少，叶片和叶柄均向上竖立，叶片变小而细长，叶缘向上卷曲，叶色暗绿而无光泽。严重缺磷时，植株基部小叶的叶尖首先褪绿变褐，并逐渐向全叶发展，最后整个叶片枯萎脱落。本症状从基部叶片开始出现，逐渐向植株顶部扩展。缺磷还会减少根系和匍匐茎数量，根系长度变短，块茎内部发生锈褐色的刨痕，刨痕随着缺磷程度的加重，分布亦随之扩展，但块茎外表与健薯无显著差异，刨痕部分不宜煮熟。

防治方法：在酸性土、黏重土、沙性土上栽培马铃薯时，应注意磷肥的施用。生育期间发现缺磷时，用0.3%~0.5%过磷酸钙水溶液进行叶面喷施。

（三）钾素缺少症状和防治方法

缺钾症状：钾素不足，植株生长缓慢，甚至完全停顿，节间变短，植株呈丛生状，小叶叶尖萎缩，叶片向下卷曲，叶表粗糙，叶脉下陷，中央及叶缘首先由绿变为暗绿，进而变黄，最后发展至全叶，并呈古铜色。叶片暗绿色是缺钾的典型症状，从植株基部叶片开始，逐渐向植株顶部发展，当底层叶片逐渐干枯时，顶部新叶仍呈正常状态。缺钾还会造成匍匐茎缩短，根系发育不良，吸收能力减弱，块茎变小，块茎内呈灰色晕圈，淀粉含量降低，品质差。

防治方法：在缺钾土壤中，增施有机肥。在基肥中混入草木灰，可改

善土壤缺钾症状。生育期间缺钾时，用 0.3%~0.5% 磷酸二氢钾溶液进行叶面喷施。

（四）镁素缺少症状和防治方法

缺镁症状：镁是叶绿素构成元素之一，与同化作用密切相关，也是多种酶的活化剂。镁缺乏时，由于叶绿素不能合成，从植株基部小叶边缘开始由绿变黄，进而叶脉间逐渐黄化，而叶脉还残留绿色，严重缺镁时，叶色由黄变褐，叶肉变厚而脆并向上卷曲，最后病叶枯萎脱落。病症从植株基部开始，渐近于植株上部叶片。缺镁一般多在沙质和酸性土壤中发生。

防治方法：在酸性土和沙质土中增施镁肥，有增产作用。田间发现缺镁时，及时用 1%~2% 的硫酸镁溶液进行叶面喷施，直至缺镁症状消失。

（五）钙素缺少症状和防治方法

缺钙症状：钙素是马铃薯全生育期都必需的重要营养元素之一。当土壤缺钙时，分生组织首先受害，细胞壁的形成受阻，表现在植株形态上是幼叶变小，小叶边缘淡绿，节间显著缩短，植株顶部呈丛生状。严重缺钙时，形态症状表现为叶片、叶柄和茎秆上出现杂色斑点，叶缘上卷并变褐色，进而主茎生长点枯死，而后侧芽萌发，整个植株呈丛生状，小叶生长极缓慢，呈浅绿色，根尖和茎尖生长点溃烂坏死，块茎缩短、畸形，髓部呈现褐色而分散的坏死斑点，失去经济价值。

防治方法：酸性土壤容易缺钙，特别是 pH 值低于 4.5 的强酸性土壤中，施用石灰补充钙质，对增产有良好效果。应急时，叶面可喷洒 0.3%~0.5% 的氯化钙溶液，每 3~4d 喷 1 次，喷 2~3 次。注意浇水，雨季及时排水，适量施用氮肥，保证植株对钙的吸收。

（六）硫素缺少症状和防治方法

缺硫症状：轻度缺硫时，整个植株变黄，叶片、叶脉普遍黄化，与缺氮类似，但叶片并不提前干枯脱落，极度缺硫时，叶片上出现褐色斑点。生长缓慢，幼叶先失去浓绿的色泽，呈黄绿色，幼叶明显向内卷曲，叶脉颜色也较淡，以后变为淡檬黄色，并略带淡紫色。叶片不干枯，植株生长受抑，茎秆短而纤细，茎部稍带红色，严重时枯梢。老叶出现深紫色或褐色斑块，根系发育不良，块茎小而畸形，色淡、皮厚、汁多。

防治方法：长期施用不含硫的过磷酸钙或硝酸磷肥，土壤可能缺硫。一般适当施硫酸铵或含硫的过磷酸钙 22.5~60kg/hm² 即可。

（七）硼素失调症状和防治方法

失调症状：硼是马铃薯生长发育不可缺少的重要微量元素之一，它对马铃薯有明显的增产作用。硼素缺乏时，植株生长缓慢，叶片变黄而薄，并下垂，茎秆基部有褐色斑点出现，根尖顶端萎缩，支根增多，影响根系向土壤深层发展，抗旱能力下降。硼过剩时，下部叶的叶脉间出现褐斑，逐渐向上部叶发展。与缺钾症类似。

缺硼的防治方法：贫瘠的沙质土壤容易缺硼。如果土壤水溶态硼含量小于 0.5mg/kg 时，每公顷基肥中施用硼酸 7 500g，并结合氮、磷、钾的施用，增产效果最好。

（八）锌素失调症状和防治方法

失调症状：缺锌时，植株生长受抑制，节间短，株型矮缩，顶端叶片直立，叶小丛生，叶面出现灰色至古铜色的不规则斑点，叶缘上卷。严重时，叶柄及茎上均出现褐色斑点或斑块，新叶出现黄斑，并逐渐扩展到全株，顶芽不枯死。锌过剩时，下部叶变黄。

缺锌的防治方法：每公顷追施硫酸锌15kg，或喷洒 0.1%~0.2%硫酸锌溶液 750~1 125kg，每隔 10d 喷 1 次，连喷 2~3 次。

（九）锰素失调症状和防治方法

失调症状：缺锰时，植株易产生失绿症，叶脉间失绿后呈淡绿色或黄色，部分叶片黄化枯死。症状先在新生的小叶上出现，不同品种叶脉间失绿可呈现淡绿色、黄色和红色。严重缺锰时，叶脉间几乎变为白色，并沿叶脉出现很多棕色的小斑点，以后这些小斑点从叶面枯死脱落，使叶面残破不全。锰过剩时，叶脉间出现巧克力色小斑点，茎部也出现同色的小斑点。

缺锰的防治方法：主要发生在 pH 值较高的石灰性土壤中。每公顷用易溶的 23%~24%硫酸锰 15~30kg 作基肥，必要时叶面喷施 0.05%~0.10%硫酸锰溶液 750kg 左右，每 7~10d 喷 1 次，连喷 2~3 次。

（十）铁素缺少症状和防治方法

缺铁症状：缺铁易产生失绿症，幼叶先显轻微失绿症状，变黄、白化，顶芽和新叶黄、白化，心叶常白化。初期叶脉颜色深于叶肉，并且有规则地扩展到整株叶片，继而失绿部分变为灰黄色。严重时，叶片变黄，甚至失绿部分几乎变为白色，向上卷曲，但不产生坏死的褐斑，小叶的尖端边缘和下部叶片长期保持绿色。

防治方法：注意改良土壤、排涝、通气和降低盐碱性，增施有机肥，增加土壤中腐殖质。每公顷叶面喷施 0.2%～0.5%硫酸亚铁溶液 750～1 125kg。

（十一）铜素失调症状和防治方法

失调症状：缺铜时，植株衰弱，茎叶软弱细小，从老叶开始黄化枯死，叶色呈现水渍状。新生叶失绿，叶尖发白卷曲，幼嫩叶片向上卷，叶片出现坏死斑点，进而枯萎死亡。铜过剩时，下部叶枯死，生长发育不良。

缺铜的防治方法：酸性沙土、有机质含量高的土壤易出现缺铜症。每公顷叶面喷 0.02%～0.04%硫酸铜溶液 750kg，喷硫酸铜最好加入 0.2%熟石灰水，既能增效，又可避免肥害。

（十二）钼素缺少症状和防治方法

缺钼症状：植株生长不良，株型矮小，茎叶细小柔弱，症状一般从下部叶片出现，老叶开始黄化枯死，叶色呈现水渍状，叶脉间褪绿，或叶片扭曲，顺序扩展到新叶。新叶慢慢黄化，黄化部分逐渐扩大，叶缘向内翻卷。

防治方法：土壤锰过量，会抑制钼吸收。每公顷叶面喷施 0.02%～0.05%的钼酸铵溶液 750kg，每 7～10d 喷 1 次，喷 2～3 次。

三、马铃薯测土配方施肥技术

（一）施肥原则

马铃薯是块茎作物，喜欢疏松肥沃的沙壤土，要求气候温凉。有机肥中含有大量的有机质，增施有机肥，有利于改良、培肥土壤，提高土壤肥力，提高土壤中微生物的活力，从而促进土壤水稳性团粒结构的形成，使土壤变疏松，有利于马铃薯的块茎膨大和根系的生长。特别是有马铃薯所必需的钾素，含量丰富，增施有机肥，对于马铃薯的生长发育来说非常重要。马铃薯施肥应重有机肥、控氮肥、增磷肥、补钾肥。施肥方法以基肥为主、追肥为辅。

（二）测土配方施肥技术

1. 施足基肥

施用优质有机肥 30 000～45 000kg/hm² 作基肥，结合整地施入土壤中。

根据田间试验结果、马铃薯需肥规律和土壤养分含量情况，确定施肥数量。推荐岭东地区总养分含量 45% 的马铃薯区域大配方 $N-P_2O_5-K_2O$ 的配比为 15-12-18，$N : P_2O_5 : K_2O = 1 : 0.80 : 1.20$，在目标产量为 37 500kg/hm² 时，配方肥推荐用量为 378～462kg/hm²；推荐岭西地区总养分含量 45% 的区域大配方 $N-P_2O_5-K_2O$ 配比为 14-12-19，$N : P_2O_5 : K_2O = 1 : 0.86 : 1.36$，在目标产量为 37 500kg/hm² 时，配方肥推荐用量为 371～454kg/hm²。各旗（市、区）区域大配方和建议施肥量见表3-8。

表3-8　马铃薯基肥配方及建议施肥量范围　　单位：kg/hm²

地区	总养分含量45%肥料配方	施N量	施P₂O₅量	施K₂O量	N+P₂O₅+K₂O量	总养分含量45%配方肥施用量	施用区间
岭东地区	15-12-18	63	50	76	189	420	378～462
扎兰屯市	15-13-17	63	54	71	188	418	376～460
阿荣旗	16-12-17	67	51	72	190	422	380～464
岭西地区	14-12-19	58	50	78	186	413	371～454
海拉尔区	12-11-22	54	49	99	202	449	404～494
牙克石市	15-11-19	59	43	74	176	392	353～431
根河市	15-13-17	64	55	72	191	426	383～468
额尔古纳市	14-12-19	55	47	75	177	394	355～433
鄂温克族自治旗	15-13-17	63	54	71	188	417	375～459
陈巴尔虎旗	15-10-20	59	40	79	178	396	357～436

2. 及早追肥

追肥以施用钾肥为主，氮肥为辅，宜在早期进行。一般第一次追肥在苗期，结合中耕培土进行，每公顷施用尿素 15～30kg；第二次在现蕾期（块茎开始膨大），以钾肥为主，每公顷施用硫酸钾 45kg 左右，可配合施用少量氮肥。追肥施用可人工或机械开沟施于苗垄两侧，施后覆土，也可结合灌溉冲施、浇施。

3. 叶面施肥

生育前期，如有缺肥现象，可在苗期、发棵期叶面喷施 0.5%尿素水溶液、0.2%磷酸二氢钾水溶液 2~3 次。马铃薯开花后，一般不进行根部追肥，特别是不能追施氮肥，主要以叶面喷施磷、钾肥补充养分的不足。可叶面喷施 0.3%~0.5%的磷酸二氢钾水溶液 750kg/hm²，若缺氮，可增加尿素 1.5~2.5kg/hm²，每 10~15d 喷 1 次，连喷 2~3 次。在收获前 15d 左右，叶面喷施 0.5%的尿素、0.3%的磷酸二氢钾等叶面肥，增产效果较显著。

马铃薯对钙、镁、硫、锌、铁、锰等中、微量元素营养的需求量也比较大，因此要结合土壤肥力状况和马铃薯生长发育状况，适时进行微肥叶面喷施，以提高抗性和产量。

第四章　肥料的合理施用

俗话说得好："化肥是个宝，增产少不了，用得好是个宝，用不好不得了。"化肥是把双刃剑，是生产力也是破坏力。化肥的功过全在于施用是否合理，掌握一些合理施用化肥的知识，既可以在购买化肥时避免不必要的浪费，又能为作物的增产、农业丰收起到事半功倍的作用。

我国从 1901 年开始施用化学氮肥，100 余年来，化肥在我国农业生产中发挥了巨大作用。我国在占世界 9% 的耕地上解决了占世界 21% 人口的温饱问题。化肥的问世，使农业生产中作物营养的投入有了工业化生产的支撑，从而极大地提高了粮食产量，保证了人口的迅速增长对粮食的需求。同时，在我国农民生产投入中，化肥是最大的投资，约占全部生产性支出的 50%。

科学研究结果证明，化肥本身是无害的，因化肥施用造成的危害是由于不科学、不合理地使用了化肥。就农产品质量与使用化肥而言，化肥施用对农产品质量会产生影响，但产生的是正面影响还是负面影响，则取决于化肥的施用方法。过多地施用单一的化肥，会对农产品品质产生负面的影响，但如果能够平衡施肥，则会促进农产品品质的提高。如无机氮肥对稻米氨基酸含量的影响，它并不比施用有机肥差。至于磷肥和钾肥，一般不会对品质产生负面影响。

近年来随着我国化肥施用量的迅速增加，在一些地区和作物上均出现了过量和不合理施用化肥的现象，产生了一些负面影响，这是不可忽视的。也是应该纠正的。但是认为施用化肥的农产品就不是无公害绿色食品，认为施化肥就会引起污染，甚至对施用化肥以及吃了施化肥的农产品产生恐惧心理，是没有必要的，也是缺乏科学依据的。

第一节 正确认识肥料的作用

一、植物从土壤中吸取的营养物质

植物在生长发育过程中从周围环境吸取什么样的养分，这是从17世纪以来人们就开始研究和探索的问题。有人认为植物以水为营养，也有人认为以土壤中的腐殖质为营养。直到1840年，德国农业化学家李比希提出植物吸收矿物质的论断，并为以后100多年的实践所证实。李比希的植物矿物质营养学说认为，植物从土壤中吸收的营养养分是无机态的矿物质，而不是土壤的腐殖质，这个理论至今没有过时，根据植物矿物质营养理论，植物从土壤中吸收的矿质养分和水与空气中的碳、氢、氧通过光合作用，合成糖、蛋白质和脂肪等有机物，植物必需的16种大量、中量和微量元素，在土壤中是呈离子态被植物根系吸收的。如氮素主要是铵离子和硝酸根离子，磷素是磷酸根离子，钾素是钾离子，化肥所提供的就是植物可以吸收的这些矿质养分。而有机肥的各种有机养分植物不能直接吸收，只有经过微生物分解成为与化肥中相同的矿质养分，才能被植物吸收利用，并发挥其营养作用。植物在吸收某一种矿物养分时，比如吸收铵离子，它不能分辨出哪个铵离子是来自有机肥，哪个是来自化肥。只要是铵离子，哪一个先到达根表，哪一个就会被吸收，这也就是为什么植物可以在用几种化肥配成的营养液中生长良好，甚至可以获得很高产量。而不能在未经微生物分解为矿质养分的有机肥配成的营养物中正常生长的原因。

二、化肥对作物产量和土壤肥力的影响

施用化肥是在农业外部投入新的养分和能量，因而它可以使农作物的产量迅速地、大幅度地提高。这一点与有机肥不同，因为有机肥的生产和使用只是农业内部的养分与能量的循环。只施有机肥，可以维持土壤肥力和保持一定的产量，但很难大幅度地提高农作物的产量。因此，它难以满足人口增长、社会发展和生活改善对农产品的数量要求。在我国农作物总产中，有1/3是施化肥的贡献，其比不施化肥提高单产50%。那么，长期施用化肥、农作物能保持高产吗？根据我国20多年的肥料长期定位试验

和国外150多年的试验结果，可以归纳成以下三点：一是单施氮肥，如尿素，一开始产量较高，但由于磷、钾养分不足，随后产量逐年下降；二是氮、磷、钾化肥配合使用，产量高且稳定；三是在施氮、磷、钾化肥的同时再配施有机肥，产量可以进一步提高。有人担心施化肥会破坏土壤，降低土壤肥力。研究结果表明，只要氮、磷、钾配合，化肥和有机肥在提高土壤肥力方面的作用是一致的，没有得出化肥消耗地力和破坏土壤的结论。我国肥料长期定位试验结果表明，无肥区和单施氮肥区的土壤有机质和全氮含量有所下降。氮、磷、钾化肥配合施用的地块，土壤有机质和全氮含量保持或略有增加。氮、磷、钾化肥与有机肥配合施用的地块，土壤有机质和全氮含量增加明显。

三、有机肥在配方施肥技术中的作用

从农业生产物质循环的角度看，作物的产量愈高，从土壤中获得的养分愈多，需要以施肥形式，特别是以化肥补偿土壤中的养分。随着化肥施用量的日益增加，肥料结构中有机肥的比例相对下降，农业增产对化肥的依赖程度愈来愈大。在一定条件下，施用化肥的当季增产作用确实很大，但随着单一化肥施用量的逐渐增加，土壤有机质消耗量也增大，造成土壤团粒结构分解，协调水、肥、气、热的能力下降，土壤保肥供肥性能变差，将会出现新的低产田。配方施肥要同时达到发挥土壤供肥能力和培肥土壤两个目的，仅仅依靠化肥是做不到的，必须增施有机肥料。有机肥的作用，除了供给作物多种养分外，更重要的是更新和积累土壤有机质，促进土壤微生物活动，有利于形成土壤团粒结构，协调水、肥、气、热等肥力因素，增强土壤保肥供肥能力，为作物高产优质创造条件。所以，配方施肥不是几种化肥的简单配比，应以有机肥为基础，氮、磷、钾化肥以及中、微量元素配合施用，既获得作物优质高产，又维持和提高土壤肥力。

四、无公害食品生产离不开化肥

无公害食品即安全食品，要求不含有对人体有害的物质。要获得充足的农产品，满足社会的需求，同样离不开化肥的投入。不同形态的有效氮被作物吸收后，转化为硝酸盐和亚硝酸盐的概率相近。这两种盐类广泛存在于自然界和食品中，食品中含量正常是有益的，能抑制细菌的毒素，含量过多有时人体会出现高铁血红蛋白症。有的蔬菜类食品中硝酸盐和亚硝酸盐含量较高，生产中要控制过量地施用氮肥，防止这两种盐类的过量积累。无公害食品生产主要是要解决农药残留量、产地环境污染等问题，化肥是提供给植物的营养物质，不是农药，只要科学施用，不会造成食品的公害。

第二节　肥料合理施用的相关基础知识

一、氮肥的概念及科学施用

氮肥是具有氮（N）标明量，并提供植物氮素营养的单元肥料。氮肥的主要作用：提高生物总量和经济产量；改善农产品的营养价值，增加种子中蛋白质含量，提高食品的营养价值。施用氮肥有明显的增产效果。在增加粮食作物产量的作用中，氮肥所占份额居磷（P）、钾（K）等肥料之上。

常用的氮肥品种可分为铵态、硝态、铵态硝态和酰胺态氮肥4种类型。

铵态氮肥：硫酸铵、氯化铵、碳酸氢铵、氨水和液体氨。

硝态氮肥：硝酸钠、硝酸钙。

铵态硝态氮肥：硝酸铵、硝酸铵钙和硫硝酸铵。

酰胺态氮肥：尿素、氰氨化钙（石灰氮）。

尿素 $[CO(NH_2)_2]$，学名碳酰二胺，含氮量在44%～46%，缩二脲应≤0.9%～1.5%。它是我国固体氮肥中含氮量最高的肥料，理化性质比较稳定，纯品为白色或略带黄色的结晶体或小颗粒，内加防湿剂，吸湿性较小，易溶于水，为中性氮肥。适用于各种土壤和多种作物，最适合作追肥，特别是根外追肥效果好。

尿素施入土壤，只有在转化成碳酸氢铵后才能被作物大量吸收利用。因此肥效较慢，一般要提前4～6d施用。同时还要求深施覆土，施后也不要立即灌水，以防氮素淋至深层，降低肥效。

尿素根外追肥时，尤其是叶面，对尿素中的营养成分吸收很快，利用率也高，增产效果明显。喷施尿素时，对浓度要求较为严格，一般禾本科作物的浓度为1.5%～2%，果树为0.5%左右，露地蔬菜为0.5%～1.5%，温室蔬菜在 0.2%~0.3%。对于生长盛期的作物，或者是成年的果树，施用尿素的浓度可适当提高。

使用尿素应注意以下问题。

一是一般不直接作种肥。因为尿素中含有少量的缩二脲，对种子的发芽和生长均有害。如果不得已作种肥时，可将种子和尿素分开下地，切不可用尿素浸种或拌种。

二是当缩二脲含量高于 0.5% 时，不可用作根外追肥。

三是尿素转化成碳酸氢铵后，在石灰性土壤上易分解挥发，造成氮素损失，因此，要深施覆土。

根据各种氮肥特性加以区别对待。碳酸氢铵易挥发跑氨，宜作基肥深施；硝态氮肥在土壤中移动性强，肥效快，是旱田的良好追肥类型；一般水田作追肥可用铵态氮肥或尿素。有些肥料对种子有毒害，如尿素、碳酸氢铵等，不宜作种肥；硫酸铵等尽管可作种肥，但用量不宜过多，并且肥料与种子间最好有土壤隔离。在雨量偏少的干旱地区，硝态氮肥的淋失问题不突出，因此以施用硝态氮肥较合适，在多雨地区或降雨季节，以施用铵态氮肥和尿素较好。

要将氮肥深施，氮肥深施可以减少肥料的直接挥发、随水流失、硝化脱氮等方面的损失。深层施肥还有利于根系发育，使根系深扎，扩大营养面积。

合理配施其他肥料，氮肥与有机肥配合施用对夺取作物高产、稳产、降低成本具有重要作用，这样做不仅可以更好地满足作物对养分的需要，而且还可以培肥地力。氮肥与磷肥配合施用，可提高氮、磷两种养分的利用效果，尤其在土壤肥力较低的土壤上，氮、磷肥配合施用效果更好。在有效钾含量不足的土壤上，氮肥与钾肥配合使用，也能提高氮肥的效果。

根据作物的目标产量和土壤的供氮能力，确定氮肥的合理用量，并且合理掌握底肥、追肥比例及施用时期，这要因具体作物而定，并与灌溉、耕作等农艺措施相结合。

二、磷肥的概念及科学施用

磷肥是具有磷（P）标明量，以提供植物磷养分为其主要功效的单元肥料。磷是组成细胞核、原生质的重要元素，是核酸及核苷酸的组成部分。作物体内磷脂、酶类和植素中均含有磷，磷参与构成生物膜及碳水化合物，含氮物质和脂肪的合成、分解和运转等代谢过程，是作物生长发育必不可少的养分。合理施用磷肥，可增加作物产量，改善产品品质，加速谷类作物分蘖，促进幼穗分化、灌浆和籽粒饱满，促使早熟。此外，还能提高作物抗旱、抗寒等抗逆性。

根据土壤供磷能力，掌握合理的磷肥用量。土壤有效磷的含量是决定磷肥肥效的主要因素。一般土壤有效磷（P）小于 5mg/kg，为严重缺磷土壤，氮、磷肥施用比例应为 1：1 左右；含量在 5~10mg/kg，为缺磷，氮、磷肥施用比例在 1：0.5 左右；含量在 10~15mg/kg，为轻度缺磷，可以少施或隔年施用磷肥；含量大于 15mg/kg，为不缺磷，可以暂不施用磷肥。

注意施用方法。磷肥施入土壤后易被土壤固定，在土壤中的移动性差，这些都是导致磷肥当季利用率低的原因。为提高其肥效，旱地可用开沟条施、穴施；水田可用蘸秧根、塞秧蔸等集中施用的方法。同时注意在作基施时上下分层施用，以满足作物苗期和中后期对磷的需求。

配合施用有机肥、氮肥、钾肥等。与有机肥堆沤后再施用，能显著地提高磷肥的肥效。但与氮肥、钾肥等配合施用时，应掌握合理的配比，具体比例要根据对土壤中氮、磷、钾等养分的化验结果及作物的种类确定。

磷酸二铵 [$(NH_4)_2HPO_4$]，简称二铵。纯品为白色结晶体，吸湿性小，稍结块，易溶于水。制成颗粒状产品后，不易吸湿，不易结块。总有效成分 64%，其中含氮（N）18%，含磷（P_2O_5）46%，化学性质呈碱性，是以磷为主的高浓度速效氮、磷复合肥。

1. 磷酸二铵的具体施用方法

（1）适合于作基肥。一般亩用量在 10~15kg。对于高产作物而言，可适当提高亩用量。通常在整地前结合耕地，将肥料施入土壤。也可在播种后，开沟施入。

（2）可以作种肥。磷酸二铵作种肥时，通常在播种时将种子与肥料分别播入土壤，每亩用量一般控制在 2.5~5kg。

2. 使用磷酸二铵时应注意问题

（1）不能将磷酸二铵与碱性肥料混合施用，否则会造成氮的挥发，同时还会降低磷的肥效。

（2）施用磷酸二铵的作物，在生长的中后期，一般只补适量的氮肥，不再需要补施磷肥。

（3）除豆科作物外，大多数作物直接施用时需配施氮肥，调整氮、磷比。磷酸二铵是种好肥料，用在缺磷的土壤上很有效，但它的养分不全面，需要补充其他养分的肥料。长期施用磷酸二铵效果不好的原因是土壤速效磷含量提高很快，出现新的养分不平衡。

三、常用钾肥的品种特性及科学施用

（一）常用钾肥品种特性

常用的氯化钾肥料中含有氯离子，作物对缺钾与缺氯的敏感程度不一样。因此，施钾要因作物、因土、因种植制度科学施用。

1. 不同钾肥品种的特性与钾肥施用

常用的钾肥品种有氯化钾、硫酸钾、硝酸钾、硫钾镁肥。硫酸钾、硝酸钾、硫钾镁肥由于不含氯，而且价格明显高于氯化钾，主要用于对氯敏感的作物，如蔬菜等。而氯化钾广泛用于对氯不敏感的作物。

2. 钾肥的施用方法

对大多数作物来说，钾肥应以基施为主，在施足有机肥情况下，也可基肥、追肥各半，而追肥宜早施。对沙质土壤，宜分次施用，以减少钾素的流失。

钾肥的品种较少，常用只有氯化钾和硫酸钾，其次是钾、镁肥；草木灰中含有较多的钾，常当作钾肥施用；还将少量窑灰钾作为钾肥施用。我国的钾肥资源较少，主要靠进口。

（二）钾肥的主要作用

钾肥是具有钾（K）标明量的单元肥料。钾是植物营养三要素之一。与氮、磷元素不同，钾在植物体内呈离子态，具有高度的渗透性、流动性和再利用的特点。钾在植物体中对 60 多种酶体系的活化起着关键作用，对光合作用也起着积极的作用。钾素营养好的植物，能调节单位叶面的气孔数和气孔大小，促进二氧化碳（CO_2）和来自叶组织的氧（O_2）的交换；供钾量充足，能加快作物导管和筛管的运输速率，并促进作物多种代谢过程。

钾元素常被称为"品质元素"。钾肥作用：促使作物较好地利用氮，增加蛋白质含量；使核仁、种子、水果和块茎、块根增大，形状和色泽美观；提高油料作物的含油量，增加果实中维生素 C 的含量；加速水果、蔬菜和其他作物的成熟，使成熟期趋于一致；增强产品抗碰伤和自然腐烂能力，延长贮运期限；提高作物抗逆性，如抗旱、抗寒、抗倒伏、抗病虫害侵袭的能力。

（三）正确施用钾肥的方法及注意事项

一要因土施用。一般土壤速效钾含量低于 80mg/kg 时，增施钾肥效果明显；含量在 80～120mg/kg，暂不施钾。从土壤质地看，砂质土速效钾含量往往较低，应增施钾肥；黏质土速效钾含量往往较高，可少施或不施。缺钾又缺硫的土壤可施硫酸钾。二要因作物施用。施于喜钾作物如薯类等作物，以及禾谷类的小麦等。在多雨地区或具有灌溉条件良好的地区，大多数作物都可施用氯化钾，少数经济作物为改善品质，不宜施用氯化钾。此外，由于不同作物需钾量不同及根系的吸钾能力不同，作物对钾肥的反应程度也有差异，钾肥用于油料作物，增产效果最好，可增产 11.7%～43.3%。

氯化钾（KCl）纯品为白色、淡黄色、砖红色的结晶体；有效成分（K_2O）含量通常在 60%左右；有较强的吸湿性，易溶于水；呈化学中性、生理酸性，为速效性钾肥；适宜用于缺钾土壤及水稻等大田作物；同时也比较适宜在中性石灰性缺钾土壤上施用。

1. 氯化钾的使用方法

（1）不宜在对氯敏感的作物上施用，如马铃薯等。

（2）可作基肥、追肥，但不宜作种肥。因为氯化钾肥料中含有大量的氯离子，会影响种子的发芽和幼苗的生长。当用作基肥时，通常要在播种前 10～15d，结合耕地将氯化钾施入土壤中。这是为了把氯离子从土壤中淋洗掉。当把氯化钾用作追肥时，一般要求在苗长大后再追施。

（3）用量问题。掌握钾肥经济效益最大时的施用量。一般每亩地施用量控制在 3～5kg。对于保肥、保水能力比较差的沙性土，则要遵循少量多次施用的原则。

（4）氯化钾无论用作基肥还是用作追肥，都应提早施用，以利于通过雨水或利用灌溉水，将氯离子淋洗至土壤下层，清除或减轻氯离子对作物的危害。

2. 使用氯化钾肥料时应注意的事项

（1）氯化钾与氮肥、磷肥配合施用，可以更好地发挥其肥效。

（2）砂性土壤施用氯化钾时，要配合施用有机肥。

（3）酸性土壤一般不宜施用氯化钾，如要施用，可配合施用石灰和有机肥。

3. 硫酸钾的施用方法及注意事项

硫酸钾（K_2SO_4）是白色或带灰黄色的结晶体，含 K_2O 50%左右；易溶于水；吸湿性较低，不易结块，适合于配制混合肥料，物理性状优于氯化钾；硫酸钾为化学中性、生理酸性肥料，广泛适用于各种作物，特别是对氯敏感的作物。

（1）使用方法。用作基肥，旱田用硫酸钾作基肥时，一定要深施覆土，以减少钾的晶体固定，并利用作物根系吸收，提高利用率；用作追肥，由于钾在土壤中移动性较小，应集中条施或穴施到根系较密集的土层，以促进吸收，砂性土壤常缺钾，宜作追肥以免淋失；可用作种肥和根外追肥，作种肥亩用量 1.5~2.5kg，也可配制成 2%~3%的溶液，作根外追肥。

（2）使用硫酸钾应注意的问题如下。对于水田等还原性较强的土壤，硫酸钾不及氯化钾，主要缺点是易产生硫化氢毒害，酸性土壤宜配合施用石灰；硫酸钾价格比较贵，在一般情况下，除对氯敏感的作物外，能用氯化钾的就不要用硫酸钾；对十字花科作物和大蒜等需硫较多的作物，效果较好。

四、微量元素的施用

微量元素包括硼、锌、钼、铁、锰、铜等营养元素。虽然植物对微量元素的需要量很少，但它们对植物生长发育的作用与大量元素是同等重要的。当某种微量元素缺乏时，作物生长发育会受到明显的影响，产量降低，品质下降。另外，微量元素过多会使作物中毒，轻则影响产量和品质，严重时甚至危及人畜健康。随着作物产量的不断提高和化肥的大量施用，对微量元素肥料的正确施用需求逐渐迫切。

根据呼伦贝尔市耕地土壤中硼、钼、锌 3 种微量元素的含量状况，各作物在施氮、磷、钾肥的基础上，要配合施用微量元素，主要是玉米作物着重施用锌肥，小麦和油菜着重施用硼肥。

五、复混肥的科学施用

(一)复混肥的主要优缺点

1. 主要的优点

(1)具有多种营养元素，养分配比比较合理，肥效和利用率都比较高。它的化学成分虽不及复合肥料均一，但同一种复合肥的养分配比是固定不变的，复混肥料可以根据不同类型土壤的养分状况和作物的需肥特性，配制成系列专用肥，针对性强，肥效显著，肥料利用率和经济效益都比较高。

(2)具有一定的抗压强度和粒度，物理性能好，施用方便。

(3)养分齐全，促进土壤养分平衡。农民习惯上多施用单质肥，特别是偏施氮肥，很少施用钾肥，有机肥的施用也越来越少，极易导致土壤养分不平衡。

(4)有利于施肥技术的普及。测土配方施肥是一项技术性强、要求高、面广量大的工作，如何把这项技术送到千家万户，一直是难以解决的问题。将配方施肥技术通过专用复混肥这一物化载体，真正做到技物结合，能较好地解决上述难题，从而大大加速了配方施肥技术的推广应用。

2. 存在的缺点

一是所含养分同时施用，有的养分可能与作物最大需肥时期不相吻合，易流失，难以满足作物某一时期对养分的特殊要求；二是养分比例固定的复混肥料，难以同时满足各类土壤和各种作物的要求。

复混肥料可作基肥和追肥，不同作物和不同土壤应选择不同类型的复混肥料。低浓度复混肥一般用于生育期短、经济价值低的作物。中、高浓度复混肥适宜于生育期长的多年生、需肥量大、经济价值高的作物。硫基型复混肥一般适宜于旱地及对氯敏感的作物上施用。含硝酸磷的复混肥，不宜在多雨地区的坡地施用。含钙镁磷肥的复混肥料适宜在酸性土壤上施用。

(二)复混肥料的使用原则

1. 选择适宜的品种

复混肥料的施用，要根据土壤的农化特性和作物的营养特点选用合适的肥料品种。如果施用的复混肥料，其品种特性与土壤条件和作物的营养习性不相适应时，轻者造成某种养分的浪费，重则减产。

2. 与单质肥料配合使用

复混肥料的成分是固定的，难以满足不同土壤、不同作物甚至同一作物不同生育期对营养元素的不同要求，也难以满足不同养分在施肥技术上的不同要求。在施用复混肥料的同时，应针对其品种特性，根据当地的土壤条件和作物营养习性，配合施用单质化肥，以保证养分的协调供应，提高复混肥的经济效益。

3. 根据复混肥特点，选择适宜的施用方式

复混肥料的品种较多，它们的性质也有所不同，在施用时应采取相应的技术措施，方能充分发挥肥效。

一般来讲，复合肥作种肥，其效果优于其他单质肥料，用磷酸铵等复合肥作种肥，再配合单质化肥作基肥、追肥，其效果往往比较好。磷酸二氢钾最好用作叶面喷施或浸种。

（三）复混肥料的施用方法及注意事项

1. 施肥量

复混肥含有多种养分，大都属氮、磷、钾三元型，施肥量以氮量作为计量依据。通常都以氮为主要养分，养分比例以氮为1，配以相应的磷、钾养分。对一个地区的某种作物，实际计算施肥量时，可从当地习惯施用的单一氮肥用量换算。施用量按复混肥中氮量计算，还可方便于比较不同土壤和不同作物的施肥水平，呼伦贝尔市一般大田作物亩施用 15~20kg，经济作物亩施用 20~30kg。

2. 施肥时期

为使复混肥料中的磷、钾充分发挥作用，作基肥施用要尽早。一年生作物可结合耕耙施用，多年生作物（如果树）则较多集中在冬春施用。若将复混肥料作追肥，也要早期施用，或与单一氮肥一起施用。

3. 施肥深度

施肥深度对肥效的影响很大，应将肥料施于作物根系分布的土层，使耕作层下部土壤的养分得到较多补充，以促进平衡供肥。随着作物的生长，根系将不断向下部土壤伸展。除少数生长期短的作物外，多数作物中晚期的吸收根系可分布至 30~50cm 的土层。早期作物以吸收上部耕层养分为主，中晚期从下层吸收较多。因此，对集中作基肥施用的复混肥分层施肥处理，较一层施用肥效可提高 4%~10%。

（四）化肥的相容性及肥料混配表

所谓化肥混用的相容性是在作物施肥时，几种肥料混合在一起施用，肥分不损失、有效性不降低，以达到利于性状改善、肥效相互促进、节省劳力的目的。但是，不同化肥的理化性质有差异，混合时将产生化学反应，影响肥料肥效。因此，有些肥料能混合使用，有些肥料混合后马上施用，有些肥料不能混合施用。

一般来说，不稳定的肥料如碳酸氢铵只能单独施用，酸性肥料不能与碱性肥料混合使用。各种肥料能否混合施用，详见肥料混配表4-1。

表4-1 肥料混配表

原料名称	硫酸铵	硝酸铵	氯化铵	尿素	过磷酸钙	钙镁磷肥	重钙	氯化钾	硫酸钾	磷酸一铵	磷酸二铵	消石灰	碳酸钙
硫酸铵		◇	○	○	○	◇	○	○	○	○	○	×	◇
硝酸铵	◇		◇	×	○	×	○	◇	○	○	○	×	◇
氯化铵	○	◇		◇	○	○	○	○	○	○	○	×	○
尿素	○	×	◇		○	○	○	○	○	○	○	○	○
过磷酸钙	○	○	○	○		◇	○	○	○	○	○	×	×
钙镁磷肥	◇	×	○	○	◇		○	○	○	○	○	○	○
重钙	○	○	○	○	○	○		○	○	○	○	×	×
氯化钾	○	○	○	○	○	○	○		○	○	○	○	○
硫酸钾	○	○	○	○	○	○	○	○		○	○	○	○
磷酸一铵	○	○	○	○	○	○	○	○	○		○	○	○
磷酸二铵	○	○	○	○	○	○	○	○	○	○		×	○
消石灰	×	×	×	○	×	○	×	○	○	○	×		○
碳酸钙	◇	◇	◇	○	×	○	×	○	○	○	○	○	

注：○表示能混配；◇表示混配后立即使用；×表示不能混配。

六、叶面施肥技术

叶面施肥技术的应用范围广泛，在粮食、油料、瓜果及蔬菜作物上均可使用。在日光温室塑料大棚的蔬菜生产上，叶面喷施肥料，可有效改善温棚蔬菜生产因连作造成的生理障碍，植物根部病虫为害与土壤长期处于高温高湿的环境等引起的蔬菜缺素症状，良好地协调各种营养比例，促进作物生长发育，增产增收。主要优点表现如下。

一是叶面施肥养分转化快。一般施用后 1~2d 即呈现效果，可明显促进作物根部对营养的吸收，提高作物的品质与产量。

二是叶面喷施某些营养元素，能调节生物酶的活性，提高光合吸收能力，增加光合物质积累，促进早熟，改善品质，提高产量。

三是叶面施肥投资小、用量少，使用便利，见效快。但需和基肥与根部追肥等措施相结合，才能保证作物正常的生长发育，实现增产增收的效果。

（一）叶面施肥技术要点

（1）掌握使用浓度。叶面施肥浓度过高，容易发生肥害或毒素症；浓度过低，则达不到追肥的目的，因此要确定适宜的喷施浓度。常见叶面施肥适宜的喷施浓度，磷酸二氢钾、硫酸亚铁 0.2%~1.0%，尿素 0.5%~1.0%，氯化钙 0.3%~0.5%，硫酸镁 0.1%~0.2%，钼酸铵 0.02%~0.1%，硫酸锰 0.05%~0.1%，硼砂 0.01%~0.2%，硫酸锌 0.05%~0.2%，硫酸铜 0.01%~0.05%。

（2）施肥的时期合理。根据不同作物种类和品种，不同的肥料品种，确定叶面施肥的适宜时期。如蔬菜在苗期、始花期或结果中后期喷施效果为宜。

（3）控制施肥量。一般亩施肥液 40~75kg，喷施量以作物茎叶湿润刚要下滴为宜，以喷施 2~4 次为好。

（4）把握施肥时间。应选择阴天或晴天的早晨无露水时或傍晚喷施。而冬季和早春时节温棚蔬菜生产上应选择晴天揭帘后无露水时或晴天下午温度低一些时喷施，以利于叶片的吸收，减少肥料在喷施过程中的损失，提高肥料利用率。

（5）施肥部位。在作物体内氮、钾、钠等元素的移动性较强，能移动的元素有磷、硫、氯等，部分移动的有锌、铜、锰、钡等元素。对移动性小或不能够移动的元素，叶面喷施宜喷洒在新叶片上，如喷施到老叶片上，则起不到预期的效果。

（二）叶面施肥时应注意的事项

（1）目前国内外叶面肥种类与品种繁多，产品质量与使用效果千差万别，因而选用时必须选择通过农业农村部农肥登记，三证齐全，产品质量有保证，且安全无污染的叶面肥料。

（2）叶面施肥要保证适宜的施用浓度，否则容易引起作物体内营养吸收与光合产物的代谢失调，影响作物品质与产量。

（3）叶面施肥不宜在高温时间喷施，以免产生肥害，降低喷施效果。喷施后若遇雨及时补喷。

（4）叶面施用的肥料，应充分溶解于水中，并过滤除去沉淀与杂质，然后注入喷雾器中均匀喷洒即可。

七、合理保管肥料的方法

保管肥料应做到"六防"。一是防止混放。化肥混放在一起，容易使理化性状变差。如过磷酸钙遇到硝酸铵，会增加吸湿性，造成施用不便。二是防标志名不副实。三是防破袋包装。如硝态氮肥料吸湿性强，吸水后会化为浆状物，甚至呈液体，应密封贮存，一般用缸等陶瓷容器存放，严密加盖。四是防火。特别是硝酸铵、硝酸钾等硝态氮肥，遇高温（200℃）会分解出氧，遇明火就会发生燃烧或爆炸。五是防腐蚀。过磷酸钙中含有游离酸，碳酸氢铵则呈碱性，这类化肥不要与金属容器或磅秤等接触，以免受到腐蚀。六是防肥料与种子、食物混存。特别是挥发性强的碳酸氢铵、氨水与种子混放会影响发芽，应予以充分注意。

第三节　蔬菜的科学施肥

一、蔬菜施肥量的确定

施肥量对大多数蔬菜的产量和质量影响不同，最高产量施肥量或最佳施肥量不一定对品质就是最好的。如菠菜最高产量的氮肥施用量为 $160\sim240kg/hm^2$，而质量指标，如干物质、糖、蛋白质和维生素 C 达到最大值时的氮肥用量只有最高产量施肥量的 1/2 左右。再者，一些对质量有负面影响的参数，如硝酸盐含量等总是随着氮肥用量的增大而增加，所以质量最佳氮肥用量显然应该低于最高产量施肥量。

因此，确定蔬菜的最适施肥量（特别是氮肥用量）不仅要考虑蔬菜的产量指标，而且应该充分考虑蔬菜的质量指标，这在蔬菜栽培中是一项相当重要和非常复杂的工作。由于蔬菜质量指标的多样性和复杂性，目前还没有一个确定的程序可供遵循，总的来说，蔬菜适宜施肥量的确定必须同时考虑产量目标、土壤供肥状况、蔬菜营养特性、肥力种类以及蔬菜质量随肥料用量而变化的特点。

二、番茄配方施肥方法

生产100kg番茄需要氮素（N）0.4kg、磷素（P_2O_5）0.45kg、钾素（K_2O）0.44kg。按亩产 5 000kg 计算，定植前亩施优质有机肥 2 000kg、硫酸铵15kg、过磷酸钙50kg、硫酸钾15kg作基肥。第一穗果膨大到鸡蛋大小时应进行第一次追肥，亩施硫酸铵18kg、过磷酸钙15kg、硫酸钾16kg。第三、第四穗果膨大到鸡蛋大小时，应分期及时追施"盛果肥"，这时需肥量大，施肥量应适当增加，每次每亩追施硫酸铵20kg、过磷酸钙18kg、硫酸钾20kg。每次追肥应结合浇水。在开花结果期，用0.1%～0.2%磷酸二氢钾加坐果灵进行叶面喷施。

设施栽培的番茄，比露地要多施有机肥，少施化肥，并结合灌水分次施用，以防止产生盐分障碍。

三、辣椒配方施肥方法

辣椒生产 1 000kg 需要氮素（N）5.5kg、磷素（P_2O_5）2kg、钾素（K_2O）6.5kg。定植前亩施优质农家肥 2 000kg、磷肥50kg、钾肥5kg作基肥。苗期每亩追施人粪尿100kg。开花初期开始分期追肥，第一次追肥，每亩施尿素20kg、过磷酸钙20kg、硫酸钾15kg。结第二、第三层果时，需肥量逐次增多，每次追肥时应适当增加追肥量，以满足结果时的营养供应。每次追肥应结合培土和浇水。

四、黄瓜配方施肥方法

黄瓜是一种高产蔬菜，结瓜期长，又是浅根作物，需长期满足生产期的营养，应及时分期追肥。生产 1 000kg 黄瓜需要氮素（N）2.6kg、磷素（P_2O_5）1.5kg、钾素（K_2O）3.5kg。黄瓜定植前亩施优质有机肥

2 000kg、磷肥 30kg 作基肥。黄瓜在出苗至初花期要适当蹲苗。黄瓜进入结瓜进行第一次追肥，亩施尿素 10kg、磷钾肥 15kg，以后每隔 7~10d 结合浇水追施一次。整个黄瓜生育期追肥 8~10 次。顶瓜生长期，植株衰老，根部吸收能力减弱，应喷 0.5% 的尿素液，或用磷酸二氢钾等叶面肥。棚室栽培随着棚室内 CO_2 浓度的升高，黄瓜产量明显增加。应适当增加有机肥比例，既可以增加棚室 CO_2，又有利于避免产生盐分障碍。

五、茄子配方施肥方法

茄子系喜肥需肥量大的蔬菜，以钾最多，氮次之，磷较少。每生产 1 000kg 茄子需要氮素（N）3kg、磷素（P_2O_5）1kg、钾素（K_2O）5kg。育苗施苗床基肥按有机肥 1 800kg/$100m^2$、过磷酸钙及硫酸钾各 5kg/$100m^2$。出苗后，若叶片缺氮发黄，可喷施 0.2% 的尿素。定植田基肥亩施有机肥 3 500kg、过磷酸钙 20~50kg、钾肥（以硫酸钾计）10~25kg。定植后结合浇水追施"催果肥"，亩施氮肥（硫酸铵）15~20kg 及适量磷肥。茄子膨大期是茄子的需水、需肥高峰，每次随水亩追施尿素 10~20kg，缺钾区适量追施钾肥，也可以用磷酸二氢钾叶面喷施。

第四节　常见的不合理施用情况及作物营养缺乏症状

不合理施肥通常是由于施肥数量、施肥时期、施肥方法不合理造成的。

一、施肥浅或表施

肥料易挥发、流失或难以到达作物根部，不利于作物吸收，造成肥料利用率低。肥料应施于种子或植株侧下方 16~26cm 处。

二、农作物施用化肥不当

可能造成肥害，发生烧苗、植株萎蔫等现象。例如一次性施用化肥过多或施肥后土壤水分不足，会造成土壤溶液浓度过高，作物根系吸水困难，导致植株萎蔫，甚至枯死。施氮肥过量，土壤中有大量的氨或铵离子，一方面氨挥发，遇空气中的雾滴形成碱性小水珠，灼伤作物，在叶片上产生焦枯斑点；另一方面，铵离子在旱土上易硝化，在亚硝化细菌作用下转化为亚硝胺，气化产生二氧化氮气体会毒害作物，在作物叶片上出现不规则水渍状斑块，叶脉间逐渐变白。此外，土壤中铵态氮过多时，植物会吸收过量的氨，引起氨中毒。

三、过多地使用某种营养元素

不仅会对作物产生毒害，还会妨碍作物对其他营养元素的吸收，引起缺素症。例如施氮过量会引起缺钙；硝态氮过多会引起缺钼失绿；钾过多会降低钙、镁、硼的有效性；磷过多会降低钙、锌、硼的有效性。

四、鲜人粪尿不宜直接施用于蔬菜

新鲜的人粪尿中含有大量病菌、毒素和寄生虫卵，如果未经腐熟而直接施用，会污染蔬菜，易传染疾病，需经高温堆沤发酵或无害化处理后才能施用。未腐熟的畜禽粪便在腐烂过程中会产生大量的硫化氢等有害气体，易使蔬菜种子缺氧窒息；并产生大量热量，易使蔬菜种子烧种或发生根腐病，不利于蔬菜种子萌芽生长。

为防止肥害的发生，生产上应注意合理施肥。一是增施有机肥，提高土壤缓冲能力。二是按规定施用化肥。根据土壤养分水平和作物对营养元素的需求情况，合理施肥，不随意加大施肥量，施追肥掌握轻肥勤施的原则。三是全层施肥。同等数量的化肥，在局部施用时往往造成局部土壤溶液浓度急剧升高，伤害作物根系，改为全层施肥，让肥料均匀分布于整个耕层，能使作物避免伤害。

作物营养缺乏症状见表4-2。

描述植物营养元素水平的几个常用术语为短缺、不足、毒害和过量。

短缺：一种必需元素浓度低得足以严重限制产量，并多少产生明显缺素症状。极度短缺会导致植株死亡。

不足：一种必需元素低于最适产量所需水平，且与其他养分处于不平衡状态。此时很少有明显症状。

毒害：必需元素或其他元素的浓度高得足以严重降低植物生长。毒害严重时会导致植株死亡。

表4-2 作物营养缺乏症状

症状出现的部位	老组织	不易出现斑点	缺氮：老叶黄化、早衰，新叶淡绿
			缺磷：茎叶暗绿，少分蘖，易落果
		易出现斑点，脉间失绿	缺钾：叶尖及边缘先枯黄、病害多、穗不齐、果实小、早衰
			缺锌：叶小簇生、斑点常在主脉两侧，植株矮小、早熟
			缺镁：穗少穗小，果实变色
	新组织	顶芽枯死	缺钙：叶尖弯钩状粘连，菜心腐烂病
			缺硼：茎、叶柄变粗易开裂，花而不实，晚熟
		顶芽不枯死	缺硫：新叶黄化、失绿均匀、开花迟
			缺锰：脉间失绿，有细小棕色斑点
			缺铜：幼叶萎蔫、出现花白斑，生长缓慢、果实小、穗少
			缺铁：脉间失绿至整叶淡黄、落果，"枯梢"
			缺钼：叶脉间失绿、畸形、斑点布满叶片，根瘤发育不良

过量：一种必需元素浓度过高，致使其他养分相应短缺。

例如小麦缺营养症状如下。

缺氮：植株矮小，茎短而纤细，叶片稀少，叶色发黄，分蘖少而不成穗，主茎穗亦短小。

缺磷：出苗后延迟或不长次生根，植株矮瘦，生长迟缓。叶色暗绿，叶尖紫红色，叶鞘发紫，不分蘖或少分蘖，抽穗成熟延迟，穗小粒少。

缺钾：新叶呈蓝绿色，叶质柔弱并卷曲，老叶由黄渐渐变成棕色以致枯死，呈烧焦状。茎秆短而细弱，易倒伏，分蘖不规则，成穗少，籽粒不饱满。

缺钼：首先发生在叶片前部褪色变淡，接着沿叶脉平行出现细小的黄白色斑点，并逐渐形成片状，最后使叶片前部干枯，严重的整叶干枯。

缺锰：小麦缺锰症状与缺钼症状类似，不同的是缺锰时，病斑发生在叶片中部，病叶干枯后使叶片卷曲或折断下垂，而叶前部基本完好。

缺硼：分蘖不正常，有时不出穗或只开花不结实。

第五节　肥料相关质量标准及真假肥料的鉴别方法

一、氮、磷、钾化肥的相关质量标准和简易识别

国家对任何正规的化肥产品都有一定的质量标准规定，所有肥料生产企业都必须按照国家的有关质量标准进行生产。企业可以制定自己的企业标准，但其有效养分及相关指标必须等于或高于国家标准。只有了解了化肥的质量标准，才能正确地分辨化肥的质量。

（一）氮素化肥的质量标准及识别

品种有碳酸氢铵、尿素、硝酸铵、氯化铵和硫酸铵（表4-3）。

表4-3　主要氮素化肥相关质量标准

品种	外观颜色	酸碱性	有害物质含量（%）	产品等级 优等品 氮（N）≥%	优等品 水分≤%	一等品 氮（N）≥%	一等品 水分≤%	合格品 氮（N）≥%	合格品 水分≤%
碳酸氢铵（湿）	白色或浅色细结晶	弱碱性	—	17.2	3.0	17.1	3.5	16.8	5.0
碳酸氢铵（干）				—	—	—	—	17.5	0.5
尿素	半透明白色颗粒	中性	缩二脲含量0.9~1.5	46.3	0.5	46.3	0.5	46.0	1.0
硝酸铵	白色或浅黄色颗粒	弱酸性	—	34.4	0.6	34.0	1.0	34.0	1.5
氯化铵（湿）	白色结晶体	弱酸性	钠含量1.2~1.8（湿），0.8~1.4（干）	—	—	23.5	6.0	22.5	8.0
氯化铵（干）				25.4	0.5	25.0	1.0	25.0	1.4
硫酸铵	白色或淡黄色结晶体	弱酸性	—	21.0	0.2	21.0	0.3	20.5	1.0

（二）磷素化肥的质量标准及识别

品种有过磷酸钙、重过磷酸钙、钙镁磷肥和磷酸氢钙（表4-4）。

表 4-4　主要磷素化肥相关质量标准　　　　　单位:%

品种	外观颜色	酸碱性	产品等级					
			优等品		一等品		合格品	
			P_2O_5 ≥	水分 ≤	P_2O_5 ≥	水分 ≤	P_2O_5 ≥	水分 ≤
过磷酸钙	深灰色、灰白色或淡黄色疏松粉状	酸性	18	12	16	14	12~14	14~15
重过磷酸钙	灰色或灰白色颗粒、粉状	酸性	47	3.5	44	4	40	5
钙镁磷肥	灰白色、灰绿色或灰黑色粉末	碱性	18	0.5	15	0.5	12	0.5
碳酸氢钙	灰白色或灰黄色粉状结晶	酸性	25	10	20	15	15	20

（三）钾素化肥的质量标准及识别

品种有氯化钾和硫酸钾（表 4-5）。

表 4-5　主要钾素化肥相关质量标准　　　　　单位:%

品种	外观颜色	酸碱性	产品等级					
			优等品		一等品		合格品	
			K_2O ≥	水分 ≤	K_2O ≥	水分 ≤	K_2O ≥	水分 ≤
氯化钾	白色或微红色结晶体、粉状	中性	60.0	6.0	57.0	6.0	54.0	6.0
硫酸钾	白色或带颜色细结晶	中性	50.0	1.0	45.0	3.0	33.0	5.0

二、复合肥料的相关质量标准及简易识别方法

（一）复合肥料的质量标准

硝酸磷肥、磷酸一铵、磷酸二铵不同的市场工艺其氮、磷的含量有一定差别，不同的生产工艺所执行的质量标准也不同。一般来说，硝酸磷肥氮磷总含量要求 36%~40%（氮为 25%~27%，磷为 11%~13.5%）；磷酸一铵氮磷总含量要求 52%~64%（氮为 9%~11%，磷为 42%~52%）；磷

酸二铵氮磷总含量要求 51%~64%（氮为 13%~18%，磷为 38%~46%）；农业磷酸二氢钾质量标准一等品含量应≥96%，氧化钾含量≥33.2%，水分≤4%。合格品含量应≥92%，氧化钾含量≥31.8%，水分≤5%，pH 值均在 4.3~4.7。

（二）简易识别

外观颜色：硝酸磷肥为浅灰色或乳白色颗粒，稍有吸湿性；磷酸铵为白色或浅灰色颗粒，吸湿性小，不易结块；磷酸二氢钾为白色或浅黄色结晶，吸湿性小。

溶解性：硝酸磷肥部分溶于水，磷酸一铵绝大部分溶于水，磷酸二铵完全溶于水，磷酸二氢钾溶于水，但不溶于酒精。

三、鉴别真假肥料的方法

目前，由于化肥的种类很多，特性各异，真假化肥难易识别，为使消费者在购肥中不会上当受骗，下面是常见肥料的鉴别方法，使广大农民群众对常见化肥的性质和鉴别方法有一个系统的了解。

（一）从包装上鉴别，也叫"看"

检查标志。正规厂家生产的肥料，其外包装规范、结实。主要检查的内容是看化肥包装袋上是否注明产品名称、养分含量、等级、商标、净重、标准代号、厂名、厂址、生产许可证号码等标志。如上述标志没有或不完整，可能是假化肥或劣质化肥。

检查包装封口。看包装袋封口有明显拆封痕迹的化肥要特别注意，这种现象有可能掺假。假冒伪劣肥料的包装一般较粗糙，包装袋上信息标示不清，质量差，易破漏。为了促进销售，假化肥包装上的说明一般不用汉字，多用拼音，尤其是对所谓的进口化肥，农民朋友更要小心。假化肥一般不明确标明产地和生产厂家。

观察肥料的粒度。抓一把放在桌上仔细观察，如果颗粒呈现圆形而且大小一致，就是真化肥。掺杂假的化肥由于加工过程中掺假或成型造粒设备简陋等原因，颗粒形状不一，碎粒现象严重。氮肥（除石灰氮外）和钾肥多为结晶体；磷肥多为块状或粉末状的非晶体，如钙镁磷肥为粉末状，过磷酸钙则多为多孔、块状，优质复合肥粒度和比重较均一，表面光滑，不易吸湿和结块。而假劣肥料恰恰相反，肥料颗粒大小不均、粗糙、湿度大、易结块。

观察肥料的颜色。不同肥料有其特有的颜色，氮肥除石灰氮外几乎全为白色，有些略带黄褐色或浅蓝色（添加其他成分的除外）；钾肥白色或略带红色，如磷酸二氢钾呈白色；磷肥多为暗灰色，如过磷酸钙、钙镁磷肥是灰色，磷酸二铵为褐色等。

看体积、质量。真化肥的质量比假化肥大，同是 25kg 装的化肥，真化肥体积小，假化肥体积大。当然，在相同体积的情况下称一下化肥的重量，重的为真，轻的为假。

（二）从气味上鉴别，也叫"嗅"

通过肥料的特殊气味来简单判断。有强烈刺鼻氨味的液体是氨水；有明显刺鼻氨味的细粒是碳酸氢铵；有酸味的细粉是重过磷酸钙；有特殊腥臭味的是石灰氮。若过磷酸钙是很刺鼻的怪酸味，则说明生产过程中很可能使用了废硫酸，这种化肥是假化肥。

（三）加水溶解鉴别，也叫"湿"

取需检验的化肥 1g，放于干净的玻璃管中，加入 10mL 蒸馏水（或干净的凉开水），充分摇匀，看其溶解的情况，全部溶解的是氮肥或钾肥；溶于水但有残渣的是过磷酸钙；溶于水无残渣或残渣很少的是重过磷酸钙；溶于水但有较重氨味的是碳酸氢铵；不溶于水，但有气泡产生并有电石气味的是石灰氮。

（四）熔融鉴别，也叫"烧"

选用一块无锈新铁片，烧红后取一小勺化肥放在铁片上，观察熔融情况，从火焰颜色、烟味、残留物情况等识别肥料。

氮肥：碳酸氢铵，直接分解，发生大量白烟，有强烈的氨味，无残留物；氯化铵，直接分解或升华发生大量白烟，有强烈的氨味和酸味，无残留物；尿素，能迅速熔化，冒白烟，投入炭火中能燃烧，或取一玻璃片接触白烟时，能见玻璃片上附有一层白色结晶物；硝酸铵，不燃烧但熔化并出现沸腾状，冒出有氨味的烟。

磷肥：过磷酸钙、钙镁磷肥、磷矿粉等在红木炭上无变化；骨粉则迅速变黑，并放出焦臭味。

钾肥：硫酸钾、氯化钾、硫酸钾镁等在红木炭上无变化，发出"噼叭"声。

复混肥：复混肥料燃烧与其构成原料密切相关，当其原料中有氨态氮或酰氨态氮时，会放出强烈氨味，并有大量残渣。冒烟后成液体的是尿素；冒紫红色火焰是硫酸铵；熔融成液体或半液体，为硝酸钙；不冒烟的为碳酸氢铵；不熔融仍为固体的是磷肥、钾肥、石灰氮；不熔融伴有气化不冒烟而仍为固体的则是氨化磷肥。

（五）手感鉴别，也叫"摸"

将肥料放在手心，用力握住或按压转动，根据手感来判断肥料。利用这种方法，判别美国二铵较为有效，抓一把肥料用力握几次，有"油湿"感的即为正品，而干燥如初的是使用倒装复合肥冒充的。此外，用粉煤灰冒充的磷肥，通过"手感"鉴别，很容易出现黑灰色粉末黏手。

（六）听声音，也叫"听"

抓一把化肥，在 1.5m 高处松手，让化肥自由下落，落地声音尖细的，为假化肥；落地声音沉重的，为真化肥。

参考文献

崔文华，2012. 呼伦贝尔市岭东土壤农化分析数据汇编［M］. 北京：中国农业出版社.

崔文华，2012. 呼伦贝尔市土壤资源数据汇编［M］. 北京：中国农业出版社.

高祥照，马常宝，杜森，2008. 测土配方施肥技术［M］. 北京：中国农业出版社.

农业部种植业管理司，全国农业技术推广服务中心，2005. 测土配方施肥技术问答［M］. 北京：中国农业出版社.